Alles gute
und Alle Bane

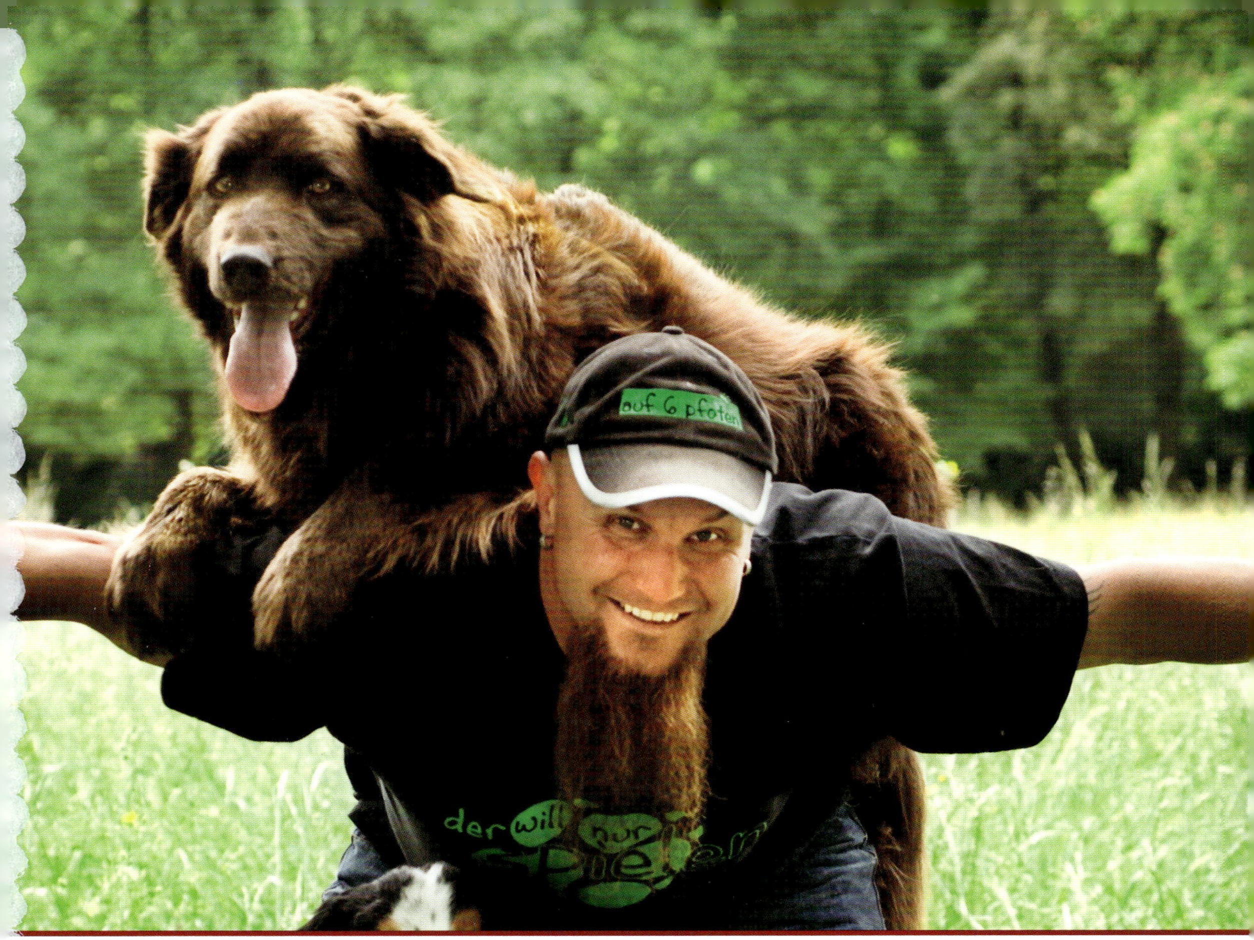

WIR VERSTEHEN UNS

Hundeerziehung mit
Verstand + Gefühl

HOLGER
SCHÜLER

Einbandgestaltung: Kornelia Erlewein/manzanadesign. Dodo Roderer
Titelbild: Lars Reuther

Die Fotos stammen von Lars Reuther, Sibylle Roderer und Norbert Bach.

Die Texte in diesem Buch wurden von Sibylle Roderer erstellt.

ISBN 978-3-275-01832-1

Copyright © 2012 by Müller Rüschlikon Verlag
Postfach 103743, 70032 Stuttgart
Ein Unternehmen der Paul Pietsch Verlage GmbH & Co. KG
Lizenznehmer der Bucheli Verlags AG, Baarerstr. 43, CH-6304 Zug

1. Auflage 2012

 Sie finden uns im Internet unter www.mueller-rueschlikon-verlag.de

Lektorat: Claudia König
Innengestaltung: manzanadesign. Dodo Roderer
Druck und Bindung: Conzella, 85609 Aschheim-Dornach
Printed in Germany

Inhalt

Erziehung mit Verstand und Gefühl

IM MITTELPUNKT DER HUNDEERZIEHUNG STEHT DIE PSYCHOLOGIE. UND ZWAR EBENSO DIE MENSCHLICHE WIE DIE DES HUNDES. DENN ES SIND UNSERE ERWARTUNGEN, BEDÜRFNISSE, EMOTIONEN, DIE UNSERE BEZIEHUNG ZUM HUND BESTIMMEN.

Wenn ich zu einem Kunden komme, dann habe ich innerhalb von höchstens zehn Minuten ein relativ klares Bild von dem Hund und seiner Situation. Den Rest der Stunde beschäftige ich mich mit der Psychologie der beteiligten Menschen. Ich behaupte: Hunde zu verstehen, ist eigentlich gar nicht so schwer. Mit ihnen zu arbeiten in 99 % der Fälle auch nicht. Es gibt nur sehr wenige Hunde, die wirklich echte »Problemhunde« sind. Da hilft dann kein Buch, da hilft wirklich nur professionelle Unterstützung. Aber die meisten Hunde sind eigentlich nicht problematisch – sondern es ist die Beziehung zwischen Hund und Mensch, die problematisch ist. Und es die Aufgabe des Hundebesitzers, an dieser Beziehung und an sich selbst zu arbeiten. Der Hund kann seine Situation nicht bewusst verändern, das kann nur der Mensch.

Es gibt einen enormen theoretischen Wissensschatz über Hunde, Hundeverhalten und Hundeerziehung. Indem wir Verhalten analysieren, können wir es besser verstehen und Strategien im Umgang mit dem Hund entwickeln. Unser Verstand ist dem des Hundes überlegen. Wir sind intelligenter, wir können planvoll handeln, wir können uns Wissen theoretisch aneignen und Dinge hinterfragen. Wir können ganz bewusst erlernen, warum wir etwas tun sollten, wie wir es tun sollten und was es bewirkt. Darin liegen aber auch Gefahren: Wenn Wissen theoretisch bleibt, wenn Strategien nur Schablonen sind, in die wir uns selbst und unseren Hund pressen wollen, und vor allem, wenn wir die Macht und das Potential unserer eigenen Emotionen unterschätzen. Um mit einem Tier zu kommunizieren, brauchen wir nicht nur unseren Verstand, sondern auch Intuition, Instinkt und Einfühlungsvermögen. Verstand und Gefühl spielen eine wichtige Rolle. Sie sollten sich ergänzen, statt einander im Weg zu stehen.

In meinem ersten Buch habe ich die Bausteine einer alltagstauglichen und für jedermann umsetzbaren Erziehung erläutert und viele nützliche Strategien vorgestellt, um Probleme zu lösen oder zu vermeiden. Aber die beste Anleitung nützt nichts, wenn sie mechanisch bleibt. Denn Beziehung ist weit mehr, als die richtige Technik anzuwenden. Die Techniken und Werkzeuge der Hundeerziehung sind eine Sache. Aber ohne Verständnis, was in uns und dem Hund wirklich vorgeht, bleibt die Beziehung ohne Seele.

Ich möchte mit diesem Buch jeden Hundebesitzer auffordern, über sich und seine Beziehung zu seinem Hund nachzudenken. Dazu gehört auch, sich über eigene Erwartungen und Emotionen klar zu werden, sie zu verstehen und positiv zu verändern. Und auch bereit zu sein, einen Schritt zurückzugehen. Ich werde immer wieder gefragt: Ist es zu spät, noch einmal neu anzufangen? Ist der Hund zu alt, hat sich das Verhalten zu sehr verfestigt? Meine Antwort: Es ist nie zu spät. Aber man muss bereit sein, wirklich noch mal über die Grundlagen nachzudenken und die Beziehung neu aufzubauen. Schauen Sie ganz genau hin. Achten Sie auf Kleinigkeiten. Hinterfragen Sie sich. Werfen Sie einen kritischen Blick auf lieb gewonnene Ansichten und vermeintliche Selbstverständlichkeiten. Lernen Sie von Ihrem Hund und entwickeln Sie sich weiter. Dazu brauchen Sie keine nie da gewesene Methode, keine neuartigen Hilfsmittel, keine wissenschaftliche Ausbildung. Alles, was Sie brauchen, sind Verstand und Gefühl.

HUNDEERZIEHUNG IST MEHR ALS EINE PROBLEM-LÖSUNGSSTRATEGIE

Wenn man als Hundeerziehungsberater arbeitet, wird man vor allem mit Problemen konfrontiert: Mein Hund bellt, mein Hund zieht, mein Hund macht in die Wohnung, mein Hund ist aggressiv – und was mache ich jetzt? Hundeerziehung wird oft von Zielen definiert. Auch, wenn der Hund kein »Problem« hat (oder ist?). Man hat eine Vorstellung, wie das Leben mit Hund sein soll, und da möchte man hin. Und sucht die passende Strategie dafür. Wie wird der Hund stubenrein? Wie bringe ich ihm bei, Kommandos zu befolgen, wie bestehe ich die nächste Prüfung? Ziele sind wichtig, und mit der Frage, wie ich ganz konkret in der Hundeerziehung ganz bestimmte Ziele erreiche und Probleme löse, habe ich mich bereits in meinem ersten Buch beschäftigt.

Es geht aber um viel mehr als das. Es geht darum, dahinter zu blicken und einzuschätzen, warum genau manche Dinge so und andere so funktionieren. Es liegt in der Natur der Sache, dass dieser Blick hinter die Kulissen keine Gebrauchsanweisung für den Hund sein kann. Sondern eine Aufforderung, selbst zu fühlen, zu hinterfragen, anzuzweifeln oder anzunehmen. Es gibt viele Techniken, viele Werkzeuge, viele Wege, die man gehen kann, manche taugen mehr, andere weniger. Der Erfolg oder Misserfolg liegt aber immer in der einzigartigen Beziehung zwischen diesem Hund und diesem Menschen begründet. Es zählt nicht nur, was wir tun, sondern auch wie und warum wir es tun. Emotionen, Motive, Stimmungen zählen ebenso viel oder sogar mehr als unser bewusstes Handeln. Die Beziehung gestaltet jedes Team für sich selbst, mit den Mitteln und Werkzeugen, die zu ihm passen. Offenheit und ein kritischer Blick auf sich selbst, darum geht es.

Es ist mir wichtig, das Augenmerk weg von einer angestrebten äußeren Form zu richten, auf die Beziehung. Erzieherische Maßnahmen werden oft danach beurteilt, ob sie »funktionieren«. Damit ist gemeint, ob man damit ein bestimmtes Ziel erreichen oder ein genau umrissenes Problem beseitigen kann. Das führt dann manchmal dazu, dass binnen kürzester Zeit zehn verschiedene, oft widersprüchliche Methoden und Hilfsmittel ausprobiert werden. Man verzettelt sich und verliert den Blick für das Ganze. Oder man legt sich fest auf Methode x oder Hilfsmittel y – zum Beispiel, weil man bei anderen gesehen hat, dass es »funktioniert«. Man sucht nach Knöpfen, die man drücken kann, um eine bestimmte Wirkung zu erzielen. Man bleibt darin stecken, an einer angestrebten äußeren Form zu arbeiten und entwickelt kein Gefühl für die Beziehung.

Man muss die gesamte Situation verstehen, statt an Einzelheiten zu kleben. Achten Sie immer genau darauf, ob ein vermeintlicher schneller Erfolg Ihrer Beziehung wirklich gut tut. Beobachten Sie, ob die Persönlichkeit Ihres Hundes reifer und gefestigter wird. Ist der Spaß und die Freude weniger geworden im Laufe der Zeit? Dann sind Sie auf dem falschen Weg. Schauen Sie genau hin und stellen Sie sich selbst immer wieder in Frage. Aber nehmen Sie auch die Fortschritte wahr, die Sie und Ihr Hund gemeinsam machen, und freuen Sie sich daran.

Komplizierte Beziehungen

VIELE DER FALLBEISPIELE IN DIESEM BUCH BESCHREIBEN HUNDE MIT VORGESCHICHTE. DIESE HUNDE HABEN EIN NEUES KAPITEL IHRES LEBENS BEI IHREN NEUEN BESITZERN AUFGESCHLAGEN.

Anna hat Belga aus Ibiza nach Deutschland geholt.

Buddy kommt aus einem deutschen Tierheim. Über seine Vergangenheit ist wenig bekannt. Er ist freundlich zu Menschen, aber unverträglich mit Artgenossen.

Pauline (schwarz) stammt aus einem »Animal Hoarding«-Fall und wurde in einem Meerschweinchenkäfig gehalten. Jule (weiß) kam schon zwei Jahre vorher als Welpe in die Familie.

Ronida kam aus einer Tötungsstation in Spanien zu Petra. Sie war (und ist immer noch) verängstigt und traumatisiert.

Melli kommt aus einem deutschen Tierheim. Sie machte ihren neuen Besitzern vor allem durch heftiges Bellen im Garten und Aggressionen an der Leine zu schaffen.

Lara war mit ihren sieben Monaten nicht ihrem Alter gemäß entwickelt, als Kim sie aus dem Tierheim holte.

Die Teilnehmer eines unserer Welpenkurse dürfen auch mitspielen: der Australian Shepherd Nigel, die Dackel Leo und Filou, der Berner Sennenhund Karlo und der Mops-Mix Balou.

Ein solcher Neustart ist nicht immer ganz einfach. Auch, weil die Entscheidung für einen Hund selten rational ist. Sich für einen Hund zu entscheiden, ist eine zutiefst emotionale Entscheidung. Das macht das Leben mit Hunden ja auch so ungeheuer bereichernd. Deshalb können uns Hunde so glücklich machen. Sie sprechen unsere Gefühle an. Aber Gefühle sind manchmal ein schlechter Ratgeber, und Bauchentscheidungen sind nicht immer die vernünftigsten. Wer sich einen Hund aus dem Tierschutz oder Tierheim holt, lässt sich häufig auf ein Abenteuer ein.

Eines haben alle Hunde mit Vorgeschichte gemeinsam: Sie sind alle verschieden. Sie haben unterschiedliche Erfahrungen gemacht. Sie sind kein weißes Blatt. Jeder Hund bringt seine einzigartige Persönlichkeit mit. Das ist auch nicht anders, wenn man sich für einen Welpen entscheidet. Aber: Hunde mit Vorgeschichte haben auch noch eine Menge »Gepäck« dabei. Und wir wissen nicht einmal

genau, was eigentlich drin ist in dem schweren Rucksack, den der Hund da mit sich herumschleppt.

In dieser Erkenntnis liegt auch eine große Gefahr: Nämlich die, alles auf die Individualität und die Vorerfahrungen des Hundes zu schieben: Der ist eben so, heißt es gerne. Das führt leicht dazu, dass wir uns mit einer Situation abfinden, die wir ebenso positiv beeinflussen und verändern könnten. Ein ängstlicher Hund wie Ronida kann sich zu einem weniger ängstlichen entwickeln, wenn wir ihm die Chance dazu geben. Ein schlecht sozialisierter Hund wie Buddy kann zu einem besseren Sozialverhalten finden. Ein unerzogener Hund kann erzogen werden. Eine Beziehung kann wachsen und stärker werden. Egal, wie alt der Hund ist. Egal, wie viel Schlimmes er erfahren hat. Nur der Weg dahin kann unterschiedlich lang und schwierig sein, aber wenn wir an die Sache richtig herangehen, können wir das Leben für den Hund lebenswerter gestalten. Denn nur ein selbstbewusster Hund, der die Regeln der Menschenwelt kennt und respektiert, kann sich in ihr wohl und sicher fühlen. Deshalb ist es für mich ganz zentral, immer wieder darauf zu bestehen, dass jeder Hund vor allem eins ist: ein Hund. Bei allen Unterschieden haben alle Hunde sehr viel gemeinsam. Und die Grundprinzipien der Hundeerziehung sind für alle gleich. Nur für uns Menschen sind sie manchmal schwieriger umzusetzen, gerade wenn der Hund eine Vorgeschichte hat.

Was geschieht, wenn Sie einen Hund in Ihr Leben holen? Zwei Spezies leben jetzt zusammen, die vieles gemeinsam haben, die aber auch vieles trennt. Wenn das funktionieren soll, müssen beide einen Schritt aufeinander zu machen. Der Hund kann nicht zum Menschen werden – aber auch der Mensch nicht zum Hund. Beide Seiten müssen lernen, die Signale der anderen Seite zu verstehen und zu deuten. Das bedeutet, dass es sinnvoll ist, sich mit der Körpersprache und Kommunikation des Hundes zu beschäftigen. Es bedeutet aber nicht, dass Sie wie ein Hund kommunizieren müssen (obwohl es äußerst effektiv sein kann, auch mal zu knurren). Der Hund kann und muss sich auf die menschliche Kommunikation einlassen. Er kann lernen, verbale Zeichen zu verstehen und eine ganze Reihe Wörter auseinanderzuhalten, er kann lernen, Blickkontakt mit dem Menschen aufzunehmen und er kann die menschliche Körpersprache verstehen.

Wichtig ist, sich darüber im Klaren zu sein, dass der Hund all das erst lernen muss. Er muss nicht nur lernen, Sitz und Platz auseinanderzuhalten, sondern auch, überhaupt erst einmal Notiz von verbalen Äußerungen zu nehmen. Viele Hundebesitzer setzen da viel zu weit hinten an und lassen wichtige Lernschritte aus.Gerade wenn Sie einen Hund haben, der

kein »unbeschriebenes Blatt« mehr ist, ist es extrem wichtig, nicht einfach davon auszugehen, dass er Ihre grundsätzlichen Annahmen über das Zusammenleben mit dem Menschen teilt. In einer Wohnung zu leben oder an der Leine zu gehen, ist längst nicht für jeden Hund selbstverständlich. Woher soll er wissen, dass das Hundekörbchen für ihn bestimmt ist? Dass er zu Ihnen gehört? Erziehung wird allzu oft damit verwechselt, dem Hund eine Reihe von Kommandos beizubringen. Dabei geht es um etwas vollkommen anderes. Erziehung dient dem Aufbau einer Beziehung. Erziehung soll dem Hund mitteilen: Wir gehören zusammen und ich bin derjenige, der dir den Weg zeigt. Das ist es, was Sie Ihrem Hund erklären müssen, Schritt für Schritt.

Es gibt absolut keinen Grund, warum man mit einem Hund mit Vorgeschichte nicht genauso viel Spaß haben sollte, wie mit einem Hund, der bereits als Welpe zu Ihnen gekommen ist. Aber Achtung: Auch hier stehen sich viele Hundebesitzer wieder selbst im Weg. Allzu oft steht die sorgenvolle Vorstellung über allem, dass der Hund in der Vergangenheit Leid erfahren hat. Stempeln Sie Ihren Hund nicht zum »armen Kerl« ab! Die Zeit des Leidens ist vorbei – jetzt steht die Freude im Vordergrund. Hunde leben in der Gegenwart, sie grübeln nicht jahrelang über Vergangenes nach. Gerade ein Hund, der es schon mal übel erwischt hat, braucht so viel positive Energie und Lebensfreude wie möglich.

Nicht selten sind Hunde mit Vorgeschichte Meister darin, sich zu arrangieren. Solche Hunde sortieren sich brav ein, benehmen sich unauffällig, halten den Ball flach. Sie sind vordergründig sehr angenehme Hausgenossen, unaufdringlich, stressfrei. Aber sie haben innerlich gekündigt. Sie glauben nicht daran, dass sich die Auseinandersetzung mit dem Menschen wirklich lohnt. Einen solchen Hund aus der Reserve zu locken, ihn aufblühen zu sehen, das ist eine wundervolle Erfahrung. Andersherum gilt aber auch: Ruhen Sie sich nicht auf der angenehmen Vorstellung aus, dass es der Hund im Vergleich zu früher ja sooo viel besser hat. Hat er – aber das reicht nicht! Setzen Sie alles daran, sich weiterzuentwickeln und auch dem Hund dazu eine Chance zu geben.

Einen jungen Hund holen sich viele mit dem Bewusstsein, dass eine gemeinsame Entwicklung bevorsteht. Man ist sich (in der Regel) im Klaren darüber, dass Arbeit auf einen zukommt. Man möchte das Lebewesen wachsen sehen und es formen. Wer sich ganz bewusst einen jungen Hund holt, bringt einfach oft mehr Gestaltungswillen mit. Wird ein älterer Hund ins Haus geholt, woher auch immer, steht die Vorstellung im Vordergrund, der Hund sei schon »fertig«, erwachsen, nicht mehr in dem Maße formbar. Die Motivation ist hier vielmehr, helfen zu wollen, Gutes tun zu wollen. Der Hund soll eben einfach »da sein«. Das ist sicherlich auch einer der Gründe, warum die Frustration so groß ist, wenn es dann nicht »funktioniert«. Die Erwartungen waren andere. Man hatte sich vielleicht gar nicht auf Arbeit eingestellt. Aber: Einen Hund aus schlechter Haltung zu retten reicht nicht – er hat auch ein tolles Leben an Ihrer Seite verdient. Sehen Sie es einfach nicht als Arbeit, es macht Spaß!

Verstehen Sie Erziehung nicht als etwas, was Sie dem Hund antun müssen. Erziehung ist nichts Negatives. Erziehung bedeutet: Sie zeigen dem Hund, welchen Platz er in dem neuen Sozialverband einnimmt. Sie zeigen ihm, wer er ist und wie er sich im Alltag zurechtfindet. Das liegt in Ihrer Verantwortung. Gerade, wenn Sie einen Hund mit einer bewegten Vorgeschichte

zu sich geholt haben, nützt es nicht viel, an einzelnen Erziehungsbaustellen zu arbeiten, solange die Grundlagen nicht stimmen. Sie müssen eine stabile Beziehung zu Ihrem Hund aufbauen, sich den Respekt, das Vertrauen und den Willen zur Kooperation verdienen. Das ist nicht einfach, wenn der Hund bereits gelernt hat, sich besser auf sich selbst zu verlassen, den Menschen nicht als Sozialpartner ansieht oder sich in sich selbst zurückgezogen hat.

Diese Beziehung ist nichts, was man einmal erwirbt und dann sicher in der Tasche hat. Vertrauen geht verloren, wenn man es enttäuscht. Motivation wird schwächer, wenn sie nicht immer wieder gefordert und gefördert wird. Der Respekt lässt nach, wenn Sie ihn sich nicht immer wieder verdienen. Stillstand ist ein Rückschritt! Äußere Einflüsse – der Stress bei der Arbeit, zu wenig Zeit, zu hohe Erwartungen – verändern auch die Beziehung zu Ihrem Hund.

Auch, wenn Sie schon viel für die Beziehung mir Ihrem Hund getan haben, es lohnt sich, immer wieder zu checken, wo Sie und Ihr Hund gerade stehen. Jetzt, in diesem Moment. Legen Sie sich nicht auf Stereotypen fest. Oft spiegelt sich die Wahrnehmung für den Hund in den Kosenamen wieder, die Hundebesitzer Ihren Tieren geben: die »kleine Prinzessin«, das »Dummerchen«, der »Sturkopf« oder die »arme Socke«. So wichtig es ist, die Persönlichkeit des Hundes wahrzunehmen und bei der Erziehung zu berücksichtigen, so wichtig ist es auch, Raum zur Entfaltung zu geben. Der vermeintlich »faule« oder »dumme« Hund braucht mehr Motivation und Ansprache. Der scheinbar »dominante« Hund ist oft in Wahrheit ängstlich und unsicher. Der schüchterne, ängstliche Hund kann aufblühen und in Wahrheit lebhaft und mutig sein. Der »sture« Hund sucht nur nach klaren Linien.

Welche Art Beziehung soll es sein?

Eine grundsätzliche Frage: Welches Ziel verfolgen Sie bei der Hundeerziehung?

Seien Sie ehrlich mit sich selbst. Wie oft entschuldigen Sie alles Mögliche, was der Hund macht oder nicht macht? »Das ist doch nicht so wichtig. Er muss doch nicht unbedingt in seinem Korb liegen. Ist doch okay, wenn er mitten im Flur liegt, steige ich eben drüber. Macht doch nichts, wenn er ab und zu mal an der Leine zieht. Oder mich mal anspringt. Auf solche Kleinigkeiten kommt es doch nicht an ...« Aber: An der Straße soll der Hund dann doch ordentlich an der Leine gehen, weil es sonst gefährlich wird. Den Besuch soll er nicht anspringen. Wenn es brenzlig wird, soll er auf Zuruf kommen, bitte sofort!

Das kann nicht funktionieren. Oft höre ich: »Der Hund macht keine Probleme, alles prima, bis auf diese eine Sache ... Klar, das In-den-Korb-Schicken klappt auch nicht wirklich ..., aber das ist doch ein anderes Thema ...« Ist es nicht! In der Hundeerziehung gibt es kein »anderes Thema«. Alles hängt mit allem zusammen. Ein Hund, der die Regeln im Haus nicht respektiert oder gar keine kennt, wird natürlich auch in anderen Situationen keinen Respekt haben und mir nicht folgen. Warum denn auch?

Man könnte jetzt sagen: Macht doch nichts, wir sind glücklich so und ich will meinen Hund nicht andauernd mit kleinlichen Regeln schikanieren. Oft wird es mit Liebe verwechselt, den Hund einfach nur gewähren zu lassen. Leider ist das eine falsch verstandene Liebe, die einen Hund mit einem Kuscheltier verwechselt.

Wenn der Hund unser Bedürfnis nach Liebe und Zuneigung erfüllen soll, ohne dass wir Verantwortung übernehmen, geben wir ihm nicht das, was er braucht. Der Hund braucht keine falsch verstandene Liebe, sondern Sicherheit in einer stabilen Beziehung.

Ein Hund, der die Regeln nicht kennt, wird ständig mit Unzufriedenheit konfrontiert. Im besten Fall spürt er, dass die Menschen genervt sind. Im schlimmsten Fall wird er dauernd angemotzt, geschimpft und gemaßregelt und nur selten gelobt. Wenn es kein klares Richtig und Falsch gibt, kann der Hund auch nichts richtig machen. Für einen Hund ist das eine unerträgliche Situation. Für einen Menschen übrigens auch: Stellen Sie sich vor, Sie treten einen neuen Job an und niemand sagt Ihnen, was Sie zu tun haben. Sie tun also einfach das, was Ihnen gerade am besten in den Kram passt – und merken, dass alle anderen die Stirn runzeln, seufzen, genervt sind. Oder Sie werden sogar dauernd und heftig kritisiert und wissen nicht einmal genau wofür. Ein Mensch hat in so einer Situation entweder eine extrem dicke Haut, sucht sich schnellstens einen anderen Job oder erleidet einen Burn-out. Eine solche Situation ist der pure Stress. Das ist für den Hund nicht anders.

Ihr Hund ist nicht gestresst? Hunde können sich erstaunlich gut mit allen möglichen Situationen arrangieren. Sie können sich keinen anderen Job suchen – also bauen sie den Stress ab, indem sie bellen, Aggressionen entwickeln, die Wohnung zerstören oder generell unruhig sind und ständig nach Aufmerksamkeit heischen. Das sind dann die üblichen »Erziehungsprobleme«, wegen denen ich gerufen werde. Oder der Hund zieht sich in sich zurück, ignoriert die Menschen weitgehend. Natürlich lässt er sich streicheln, spielt oder begrüßt uns, aber wie tief und beständig ist die Beziehung? Ist sie immer da oder nur unter bestimmten Umständen? Ist sie etwas, worauf Hund und Mensch immer und überall bauen können? Viele Hunde schirmen sich gegen die latente Unzufriedenheit und Unklarheit des Menschen ab. Sie gehen keine echte Beziehung ein. Ihr Blick ist immer ein wenig fragend bis misstrauisch: Was willst du eigentlich von mir? Bindung? Fehlanzeige.

Wenn ich zu solchen Hunden gerufen werde und mich kurz mit ihnen beschäftige, sind die Besitzer meist erstaunt und manchmal ein wenig gekränkt, wie intensiv und bereitwillig diese Hunde auf mich reagieren. Viele dieser Hunde würden ohne einen Blick zurück mit mir mitkommen. Und das, obwohl sie von mir keine Schmeicheleien, keinen Sack voller Spielzeug und Leckerli bekommen. Sie bekommen einfach nur eine glasklare Ansage: DAS will ich von dir!

Um Bindung aufzubauen, muss der Hund wissen, wo er hingehört und was von ihm erwartet wird. Und das lernt er durch konsequente Erziehung, in kleinen Schritten, einen Schritt nach dem anderen. Das hat nichts mit dauernder Schikane zu tun! Es geht nicht darum, ob Ihr Hund am Zaun bellt oder an der Leine zieht, auch nicht darum, ob er perfekt apportiert oder mit Hingabe Agility-Hindernisse meistert – es geht darum, ob er die Regeln des Zusammenlebens wirklich kennt, versteht und respektiert – die Grundlage für eine harmonische Beziehung.

Wenn man die kleinen Probleme nicht löst, werden die großen unlösbar. Wenn die einfachen Sachen nicht funktionieren, werden die schwierigeren erst recht nicht klappen. Das ist vielleicht die einzige wirklich pauschale Aussage, die man in der Hundeerziehung machen kann.

Wie individuell jeder Hund und jeder Mensch auch ist: Wer nicht in kleinen Schritten vorangeht, der wird die großen Sprünge niemals schaffen.

Aber: Wer sich die Mühe macht, die kleinen Schritte einen nach dem anderen zu tun, der dreht sich eines Tages um und sieht, dass er schon viel weiter gekommen ist, als er es je erwartet hat.

Lassen Sie Ihren Hund nicht einfach der Bequemlichkeit halber, oder weil Sie so ein netter Mensch sind, machen, was er will, bis es Ihnen irgendwann reicht. Lassen Sie Ihren Hund nicht allein mit vielen Fragezeichen. Gestalten Sie die Beziehung aktiv und übernehmen Sie die Führung.

WER IST HIER DER BOSS?

Aber hier – wenn Menschen einen Führungsanspruch erheben – lauert leider schon das nächste Missverständnis.

Ganz oft interpretieren Hundebesitzer die Beziehung mit und zu Ihrem Hund als eine Konkurrenzsituation. Da geht es darum, wer »seinen Kopf durchsetzt«, »der Boss ist«, ob der Hund »dominant« ist oder gar die »Rudelführung beansprucht«. Daraus resultieren dann alle möglichen Erziehungsmethoden, die dem Hund die Vormachtstellung des Menschen demonstrieren sollen. Erziehung wird zur dauernden Auseinandersetzung um die Rangordnung. Bekannte Beispiele für diesen Erziehungsansatz: Immer vor dem Hund durch die Tür zu gehen, oder den Hund erst fressen zu lassen, wenn der Mensch seine Malzeit eingenommen hat. Der Stärkste zuerst!

Darin liegt aber ein ganz grundsätzlicher Denkfehler: Denn von einem direkten Konkurrenten, auch wenn es der Stärkere ist, würde sich kein Hund etwas befehlen lassen, geschweige denn ihm vertrauensvoll folgen! Vielmehr bleibt er vorsichtig auf Distanz – um bei der allerersten Gelegenheit das Futter doch noch zu klauen. Das ist sicher nicht die Art Beziehung, die wir uns für unser Team wünschen.

Die Mensch-Hund-Beziehung soll kein Konkurrenzverhältnis sein. Sie funktioniert in vielerlei Hinsicht dann am besten, wenn sie das Sozialverhalten eines echten Rudels, einer Familie imitiert. Also, wenn wir auf die Vorfahren des Hundes blicken, das Verhältnis zwischen den Wolfseltern und ihren halbwüchsigen Jungen.

Wenn Sie in Wolfsgehegen Auseinandersetzungen, z.B. um Futter, beobachten können, dann sehen Sie keinen intakten Familienverband, kein echtes Rudel vor sich. Was Sie sehen, sind Wölfe, die durch die Gefangenschaft daran gehindert werden, ihre natürlichen Sozialstrukturen auszuleben.

Statt in Familien zu leben, werden gleichaltrige und teilweise nicht einmal verwandte Tiere gezwungen, eine Gruppe zu bilden. Unter diesen Umständen gibt es zwangsläufig Stress und Aggressionen. Das Tier, das sich hier durchsetzt und am meisten zu fressen abbekommt, ist nichts weiter als ein Bully auf dem Schulhof. Der Erste am Futter zu sein, hat mit echter Anführerschaft nichts zu tun.

Ganz anders in einem richtigen Rudel, einer Familie. Dort kommen heftige Rangkämpfe gar nicht vor – schon gar nicht zwischen den Wolfseltern und dem Nachwuchs. Die Altwölfe verschaffen sich sehr wohl auch mal Respekt, wenn ihnen die stürmischen Jungspunde auf die Nerven gehen, oder sie fordern ein, dass niemand zu sehr aus der Reihe tanzt – aber das hat nichts mit Rangkämpfen oder Konkurrenzverhalten zu tun.

Gerangel ums Futter mag es unter den Geschwistern geben, aber auch wenn sich dort der Stärkste durchsetzt, erwirbt er damit noch lange keinen Führungsanspruch. Und das wichtigste: Die Wolfseltern dulden solche Auseinandersetzungen nur bis zu einem gewissen Grad, blutige Kämpfe finden unter ihrer Nase nicht statt.

Die Wolfseltern kontrollieren die Ressourcen des Rudels. Sie machen Futter allen zugänglich, indem sie die Jagd anführen und ihrem Nachwuchs Futter bringen, und sie sorgen dafür, dass alle Mitglieder des Rudels zu fressen bekommen. Sie bekommen keineswegs am meisten zu fressen ab – sie sorgen zuerst dafür, dass der Nachwuchs versorgt ist. Die Wolfseltern stehen nicht in Konkurrenz zu den anderen Rudelmitgliedern, sondern sind für sie verantwortlich. Wenn Sie sich also auf kleinliche Machtkämpfe mit Ihrem Hund einlassen, dann kopieren Sie nur das Verhalten halbstarker Rüpel – und das ist sicher nicht die Art von Beziehung, die Sie mit Ihrem Hund anstreben sollten!

Natürlich gibt es die Situationen, in denen ein Hund selbst solche Konkurrenzsituationen heraufbeschwört. Wenn er Ihnen das Essen vom Teller klaut, sich immer vordrängelt, nicht aus dem Weg geht usw. Und natürlich sage ich meinen Kunden dann auch: Lassen Sie sich das nicht gefallen. Setzen Sie sich dagegen durch. Aber nicht, indem Sie sich dauerhaft auf dasselbe Niveau begeben.

Wenn Ihr Hund rüpeliges Konkurrenzverhalten zeigt, dann fordert er Sie nicht zu einem Duell um die Macht heraus. Es ist einfach nur ein ganz sicheres Zeichen dafür, dass er nicht davon überzeugt ist, dass Sie die Verantwortung tragen. Das heißt, Sie leben mit Ihrem Hund nicht in einem funktionierenden Sozialverband. Es gibt keinen echten Anführer. Es gibt nur zufällig zusammengewürfelte Halb-

starke, die sich ums Futter streiten, und Sie sind in den Augen Ihres Hundes einer davon. Selbst wenn Sie all die kleinen Auseinandersetzungen tagtäglich gewinnen, ändern Sie damit nichts an der grundsätzlichen Situation. Das schaffen Sie nur, indem Sie die Beziehung zu Ihrem Hund auf eine andere Basis stellen. Indem Sie Bindung aufbauen und indem Sie Ressourcen kontrollieren, statt um sie zu konkurrieren.

Ressourcen zu kontrollieren, bedeutet, Verantwortung zu übernehmen. Für den Hund ist es

Wenn meine Siska mal den Schalk im Nacken hat, dann heißt das noch lange nicht, dass sie morgen die Weltherrschaft an sich reißen will.

nahe liegend, demjenigen zu folgen, der die Verantwortung trägt – und nicht, ihm die Verantwortung abnehmen zu wollen. Wer nicht bei jeder Gelegenheit krampfhaft Überlegenheit zur Schau stellen muss, der braucht sich auch nicht ständig herausgefordert zu fühlen. Wie ein Diktator, der nur auf den nächsten Putsch wartet. Wer nur Macht ausübt, wird immer auf Widerstand treffen. Wer führt, weil ihm andere folgen wollen, der kann es auch ertragen, wenn die Gefolgschaft mal ein bisschen aus der Reihe tanzt ...

BEI MIR BIST DU SICHER!

Eine Beziehung, in der der Hund keine Regeln kennt, ist also ebenso wenig hundegerecht, wie eine Beziehung, die von ständigen Machtkämpfen geprägt wird.

Es gibt aber noch eine dritte Variante. Das ist der Weg, den ich gehe und auf den ich Sie gerne mitnehmen möchte.

Eines ist im Leben eines jeden intelligenten sozialen Wesens – ob Hund oder Mensch – wichtiger als alles andere: Sicherheit. Das Bedürfnis nach Sicherheit schlägt alle anderen Bedürfnisse um Längen. Sicherheit heißt, vor Gefahren sicher zu sein. Sicherheit heißt auch, die Welt um sich herum zu kennen, zu verstehen und einschätzen zu können, um sich ohne Angst darin zu bewegen. Sicherheit heißt, im sozialen Verband geborgen zu sein.

Der Hund in der Menschenwelt wird permanent mit Dingen konfrontiert, die er nicht verstehen kann. Er hat keine Instinkte, die ihm helfen, im Straßenverkehr zu überleben oder das Leben in einer menschlichen Wohnung zu verstehen. Damit der Hund sich in der unverständlichen menschlichen Welt trotzdem zurechtfinden und

sicher fühlen kann, ist er darauf angewiesen, geführt zu werden. Indem ich meinen Hunden eine Beziehung anbiete, in der sie auf mich und meine Führung voll und ganz vertrauen können, ermögliche ich ihnen ein hundegerechtes Dasein in Sicherheit. Natürlich muss ich mir jeden Tag das Vertrauen meiner Hunde verdienen und ihnen immer wieder beweisen, dass ich in der Lage bin, die Entscheidungen für uns zu treffen. Ich muss Verantwortung übernehmen – und dafür folgen mir meine Hunde. **In einer starken Beziehung wird Ihr Hund Sie nicht weniger lieben – sondern mehr.**

Was man in so einer Beziehung nicht bekommt, ist blinder Gehorsam und Hunde, die so eingeschüchtert sind, dass sie alles tun, und sei es noch so sinnlos.

Wer einen Hund will, der zu 100 % gehorcht, der muss die Persönlichkeit des Hundes brechen. Das kommt für mich nicht in Frage. Mir ist Kadavergehorsam absolut zuwider. Eine solche Beziehung möchte ich nicht. Meine Hunde haben ein Eigenleben, denn sie sind keine Roboter, die auf Knopfdruck funktionieren. Perfektion ist das falsche Ziel. Ich wünsche mir eine Beziehung, in der mein Hund eine selbstbewusste Persönlichkeit sein darf und weiß: Bei dir bin ich sicher!

BEI MIR BIST DU SICHER!

DER WERKZEUGKASTEN

Natürlich hinkt der oft bemühte Vergleich zwischen dem Familienverband der Wölfe und der Gemeinschaft von Hund und Mensch an vielen Stellen. Es geht auch nicht darum, sich jetzt in allen Punkten möglichst wie Wölfe verhalten zu wollen. Denn unsere Hunde sind keine Wölfe, und wir selbst schon gar nicht.

Was wir uns zunutze machen können, sind einzelne soziale Mechanismen, die wir imitieren können, und die der Hund interpretieren und verstehen kann. Diese Mechanismen sind die Werkzeuge, die wir zur Verfügung haben. Manche Werkzeuge sind »natürlicher« als andere, insofern als dass sie enger an das verhaltensbiologische Repertoire der Hunde anknüpfen als andere, und vom Hund instinktiv verstanden werden. Andere Werkzeuge sind abstrakter, müssen vom Hund erst erlernt werden. Manche sind für den Menschen einfacher anzuwenden als andere. Manche sind uns eher über den Verstand zugänglich, wie zum Beispiel der Einsatz von Konditionierung durch positive Verstärkung. Andere finden eher auf einer gefühlsmäßigen Ebene statt, und auch wenn man sie mit dem Verstand erfassen kann, kann man sie sich dennoch nicht rein theoretisch aneignen, sondern muss sie »fühlen lernen«.

Es ist wichtig zu verstehen, welches Werkzeug für welche Aufgabe geeignet ist und wie es sich eigentlich genau auf die Beziehung zwischen Hund und Mensch auswirkt.

Alles, was der Beziehung schadet, weil es Angst macht, verunsichert oder komplett unverständlich ist, gehört nicht in unsere Werkzeugkiste – und mag es als schnelle Problemlösung noch so angepriesen werden. Ob Sprühhalsband, Wurfkette und Rappeldose ein unliebsames Verhalten abstellen oder nicht – diese Hilfsmittel tun nichts für die Beziehung zwischen Ihnen und Ihrem Hund.

In diesem Buch möchte ich meinen Werkzeugkasten ausleeren und das, was darin liegt, genau unter die Lupe nehmen. Es geht mir hier nicht so sehr um die praktische Problemlösung, die reine Technik. Es geht darum, zu verstehen, wie sich unsere Erziehungsmaßnahmen eigentlich auf die Beziehung auswirken, welche Logik hinter der reinen Technik steckt, und wie sich das, was Sie tun, eigentlich anfühlen sollte.

Manche Menschen verstehen intuitiv, was sich unter der Oberfläche verbirgt, die wir Erziehung nennen. Diese Intuition ist ein Geschenk, das nur wenige Menschen haben. Aber man kann auch den langen Weg gehen und lernen, worauf es ankommt – welche Werkzeuge man wie einsetzen kann, um eine gute, stabile Beziehung zu formen.

SICHERHEIT UND ANDERE RESSOURCEN

Das Leben des Hundes – und nicht nur des Hundes natürlich – kreist um die Befriedigung von Bedürfnissen. Das wichtigste davon ist das Bedürfnis nach Sicherheit. Und noch mal Sicherheit. Und noch mal Sicherheit. Und dann folgen die anderen Bedürfnisse: nach Futter, Sozialkontakt, nach Beschäftigung und Ruhe. Die untergeordneten Bedürfnisse treten neben der Sicherheit immer in den Hintergrund. Ein verängstigter oder aggressiver Hund interessiert sich nicht für Futter oder Bällchen, weil er gerade mit seiner Sicherheit beschäftigt ist. Ein Hund, der unsicher ist, kommt nicht zur Ruhe. Ein Hund, der keine Sicherheit im Sozialverband findet, lebt nicht artgerecht. Die Erziehungsmaßnahmen, die Werkzeuge,

mit dem Sie Ihrem Hund zeigen »bei mir bis du sicher!«, sind die wichtigsten, weil sie am effektivsten sind und unglaublich viel Positives für Ihre Beziehung bewirken können. Sicherheit schlägt alles. Aber es gibt noch mehr Ressourcen, die Sie in der Hundeerziehung intelligent nutzen können.

Jedes sozial lebende Tier verlässt sich zur Befriedigung seiner Bedürfnisse zu einem großen Teil auf den Sozialverband, in dem es lebt. Als Angehöriger eines Familienverbandes lebt man weitaus sicherer als der »einsame Wolf«, man bekommt regelmäßiger zu fressen und hat Sozialkontakt. Es hat für den Hund also nur Vorteile, sich in eine Sozialstruktur einzufügen. Im Familienverband herrscht nicht etwa eine gnadenlose Konkurrenz um Ressourcen, sondern durch das Zusammenleben werden die wichtigen Ressourcen Sicherheit, Futter und Sozialkontakt überhaupt erst zugänglich. Wer die Kontrolle über diese Ressourcen hat, trägt die Verantwortung und ist der Anführer des Sozialverbandes.

KONTROLLE – WAS HEISST DAS ÜBERHAUPT?

Das Wort Kontrolle klingt jedoch ein wenig schal in den Ohren vieler Hundebesitzer – man will den Hund doch nicht kontrollieren, schon gar nicht andauernd. Es geht aber nicht darum, den Hund in jeder Lebenslage zu kontrollieren, sondern die Rahmenbedingungen des Zusammenlebens zu regeln.

Die Kontrolle über die Ressourcen auszuüben, bedeutet auch nicht, dass sie dem Hund entzogen werden müssen! Es bedeutet nur, dass Sie die Kontrolle darüber in der Hand behalten, wann und wie oft er Zugang dazu hat. Aus der Sicht des Hundes nehmen Sie ihm nichts weg, sondern Sie sind derjenige, der ihm etwas gibt, die Ressource zugänglich macht. Der Hund hat schließlich keine Ahnung, dass es das Futter sackweise im Supermarkt zu kaufen gibt und dass ihm auf dem Sofa sowieso nichts passieren kann. Verhaltensbiologisch gesehen sind alle Ressourcen wertvolle, weil knappe Güter.

Ressourcenkontrolle bedeutet allerdings durchaus, nicht auf jedes Bedürfnis und jede Äußerung des Hundes SOFORT einzugehen. Jetzt hat er Hunger, jetzt will er spielen, jetzt will er raus, jetzt mag er nicht mehr ... usw. Hunde, die keinerlei Selbstkontrolle gelernt haben und jedem Impuls sofort nachgeben dürfen, sind oft unsicher. Erlauben Sie es Ihrem Hund, seine Persönlichkeit zu festigen und zu entwickeln. Dazu gehört auch, dass der Hund Selbstkontrolle erwirbt.

Ressourcenkontrolle ist in der Beziehung zwischen Mensch und Hund vor allem eine Verantwortung. Kontrolle ist lebensnotwendig und bedeutet Sicherheit. Sich einen Hund anzuschaffen, bedeutet, das Leben dieses Tieres fortan zu begleiten und zu bestimmen. Auch wenn das unromantisch klingt.

Sie kontrollieren ja schon durch das Vorhandensein eines Gartenzauns und das Anlegen einer Leine die Bewegungsfreiheit des Hundes: Es gibt diesen Zaun und diese Leine, also kann der Hund nicht streunen und jagen gehen. Und nicht überfahren werden.

Sie machen sich Gedanken, welches Futter Ihrem Hund am Besten bekommt, was die richtige Menge ist, wann er fressen soll. Sie kontrollieren das Futter! Auch, wenn Sie es dann doch einfach kommentarlos in den Napf schütten und die Kontrolle über das Futter nicht dazu nutzen, die Beziehung zu formen.

Würden Sie nicht einen Zaun bauen, ihm eine Leine um den Hals legen und Futter kaufen, käme der Hund unter die Räder oder würde verhungern. Ohne die Kontrolle des Menschen würden viele Hunde nicht lange überleben. Wenn man also nicht grundsätzlich gegen die Haltung von Haushunden ist oder die Meinung vertritt, dass alle Hunde als Straßenhunde besser dran wären als in der Obhut des Menschen, muss man Kontrolle als nötig akzeptieren – und kann daraus ein wirksames Werkzeug für unsere Werkzeugkiste machen.

Denn der Gartenzaun oder der Gang zum Supermarkt, um Futter zu kaufen, trägt nichts zur Beziehung zu Ihrem Hund bei. Und auch eine Leine, die nur Bewegung einschränkt, aber nicht kommuniziert, ist für die Beziehung wertlos. Der Hund hat keine Ahnung, dass Sie für seine Sicherheit sorgen und das Futter beschaffen. Wie soll er auf die Idee kommen, dass Sie die Verantwortung für diese Dinge tragen?

Erst, wenn Sie aktiv und für ihn erkennbar Ressourcen kontrollieren, kann Ihr Hund wahrnehmen, dass Sie die Verantwortung übernehmen – und, dass Sie damit automatisch einen Führungsanspruch erheben. Wenn Sie in der Rolle überzeugend sind, wird er dann für sich entscheiden, Ihren Führungsanspruch anzuerkennen.

Ressourcen zu kontrollieren, bedeutet, nicht nur die Bedürfnisse des Hundes zu befriedigen, sondern auch, Ressourcen sinnvoll einzusetzen, um die Beziehung zwischen Hund und Mensch zu formen.

Das Gute ist: Was sich zu Anfang vielleicht wie das Beschneiden von Freiheiten anfühlt, wird zur Basis einer Erziehung, die eben ohne dauernde Maßregelungen und Machtspiele auskommt. Eine Beziehung, in der der Mensch zwar Anführer, aber kein Diktator ist und der Hund zwar geführt, aber nicht unterjocht wird. Eine Beziehung, in der sich der Hund entscheidet, zu folgen und nicht dazu gezwungen wird.

IST FREIHEIT EINE RESSOURCE?

Viele Hundebesitzer würden ganz weit oben bei den Bedürfnissen ihres Hundes die Freiheit nennen. Die Freiheit, ohne Leine zu laufen, die Freiheit nach Belieben zu schnüffeln, die Freiheit, mit andern Hunden zu spielen, die Freiheit, sich hinzulegen, wo er will, die Freiheit, nicht den ganzen Tag mit »Befehlen« belästigt zu werden. Aus Sicht des Hundes ist diese Freiheit kein Bedürfnis, und schon gar nicht eins, das ganz oben auf der Liste steht!

Frei zu sein, bedeutet, ohne Führung und allein zu sein. Würden unsere Hunde im Rudel in der »Freiheit« leben, würden sie nicht versuchen, sich der Sicherheit des Familienverbandes zu entziehen.

Für den Hund ist eine feste Bindung an jemanden, der ihn führt und für seine Sicherheit sorgt, wichtiger als das, was wir uns unter Freiheit vorstellen. Und wenn diese Bindung besteht, dann ist es auch möglich, dem Hund mehr Freiheit einzuräumen, ihn ohne Leine zu führen, ihm Kontakt zu Artgenossen zu ermöglichen. Nur: ein solcher Hund orientiert sich von sich aus auch ohne Leine am Menschen und saust nicht bei der ersten Gelegenheit davon. Er kommt zurück, wenn man ihn ruft – und lässt seine Spielgefährten stehen, um seinem Menschen zu folgen.

Check: Ihre Beziehung

✔ Wie denken Sie über Ihren Hund? Welche Kosenamen hat er? Welche Eigenschaften sprechen Sie ihm zu?

✔ Schauen Sie genau hin: Worauf achtet Ihr Hund überhaupt? Was interessiert ihn? Was mag er? Was versteht Ihr Hund wirklich?

✔ Nimmt er die Kommunikationswege, die Sie benutzen, überhaupt als solche wahr?

✔ Wo setzen Sie Dinge voraus, die gar nicht gelernt und erarbeitet worden sind?

✔ Woher weiß er, dass er dieses oder jenes tun oder nicht tun soll? Wie haben Sie es ihm erklärt?

✔ Wie oft fordern Sie im Laufe eines Tages etwas von Ihrem Hund?

✔ Wie oft kommt er dieser Forderung ganz selbstverständlich nach? Wie oft nach mehrmaliger Aufforderung? Gar nicht?

✔ Welche Regeln hat Ihr Hund?

✔ Versteht er diese Regeln alle? Wie oft missachtet er die Regeln? Wie oft korrigieren Sie das?

✔ Wie oft missachten Sie selbst die Regeln (ist doch jetzt egal ...)?

✔ Welche »Werkzeuge« – welche sozialen Mechanismen – benutzen Sie? Welche Ressourcen kontrollieren Sie – aktiv und bewusst?

✔ Im Laufe eines Tages: Wie oft loben Sie Ihren Hund explizit? Wie oft schimpfen Sie mit ihm oder reagieren genervt, ungehalten, oder sogar böse? Was überwiegt?

✔ Wie oft und wie lange arbeiten Sie mit dem Hund – also beschäftigen sich ganz bewusst mit ihm (nur spazieren gehen zählt nicht)?

✔ Wie freudig ist Ihr Hund bei der Arbeit?

✔ Wie freudig sind Sie selbst bei der Arbeit mit dem Hund?

✔ In welchen Punkten haben Sie sich als Team weiterentwickelt in den letzten sechs Monaten?

✔ Ist Ihr Hund heute aufmerksamer oder weniger aufmerksam als vor sechs Monaten?

✔ Wann haben Sie zum letzten Mal an etwas Neuem gearbeitet?

✔ Wann haben Sie das letzte Mal intensiv und bewusst an der Bindung gearbeitet?

✔ Auf einer Skala von eins bis zehn – wie sehr respektiert Sie Ihr Hund?

✔ Auf einer Skala von eins bis zehn – wie sehr vertraut Ihnen Ihr Hund?

✔ Wie intensiv ist Ihre Bindung?

✔ Gibt es Situationen, in denen Ihr Hund überhaupt nicht »bei Ihnen« ist? Was tun Sie dann?

✔ Gibt es Dinge, die Sie lieber vermeiden, Situationen, denen Sie lieber aus dem Weg gehen? Welche?

✔ Womit haben Sie sich arrangiert, statt es zu ändern – oder daran zu arbeiten?

✔ Womit sind Sie zufrieden?

✔ Womit sind Sie unzufrieden?

✔ Welche Emotionen stecken in Ihrer Beziehung, wie fühlt sie sich an?

✔ Suchen Sie nach dem Sand im Getriebe, den vermeintlichen Kleinigkeiten. Wie oft sagen Sie Sätze wie »Aber immerhin hört er irgendwann auf zu bellen« oder »Er achtet zwar nicht auf mich, aber wenigstens zieht er nicht an der Leine« oder »Er meint es ja nicht böse«?

Nehmen Sie diese Checkliste mit auf den Weg durch dieses Buch.
Wiederholen Sie den Check regelmäßig und beobachten Sie die Veränderungen.

WELCHE ROLLE SPIELT FUTTER FÜR DIE BEZIEHUNG? ES IST EINE GRUNDSATZFRAGE. IST FUTTERLOB NICHTS WEITER ALS BESTECHUNG? TUT DER HUND ALLES »NUR FÜRS FUTTER«? MUSS MAN FUTTERLOB DESHALB RUNDHERAUS ABLEHNEN? Oder ist es der beste und hundefreundlichste Weg, ausschließlich mit Leckerli als positive Verstärkung zu erziehen? Muss man deshalb alles mit Futter erarbeiten?

Für mich ist das keine Grundsatzfrage. Futter hat einen wichtigen Platz in der Hundeerziehung. Aber es ist nicht das einzige Werkzeug. Das liegt nicht nur daran, dass nicht jeder Hund auf Futter überhaupt »anspringt«. Auch bei einem ausgesprochenen »Futterhund« hat Erziehung alleine über Leckerli ihre Grenzen. Es gibt einfach Dinge, die sich nicht alleine über Futter erarbeiten lassen. Und so sinnvoll Futter in der Hundeerziehung sein kann: Das Ziel einer alltagstauglichen Erziehung muss sein, auch ohne Futter auszukommen.

Trotzdem spielt Futter auf jeden Fall eine große Rolle. Futter motiviert, Futter hilft dem Hund, mich besser zu verstehen, Futter ist ein Werkzeug, das für den Menschen einfach zu lernen und zu »bedienen« ist. Futter hat also sehr viele Vorteile. Aber nur, wenn man wirklich versteht, was Futter eigentlich genau bewirkt – und wenn man Futter entsprechend richtig einsetzt. Sonst sorgt Futter leider nur für einen bettelnden, unruhigen und schlecht erzogenen Hund – und Leckerli-Gegner haben wieder einen Grund mehr, Futter rundheraus abzulehnen.

🐾 **Klug eingesetzt hilft Futter Ihnen und dem Hund. Aber: Es ist kein Allheilmittel!**

Futter hat in der Hundeerziehung zwei ganz unterschiedliche Funktionen: Bindungsaufbau zum einen, Motivation und positive Verstärkung zum anderen.

1. SIE KÖNNEN BINDUNG, NÄHE, VERTRAUEN DURCH FUTTER AUFBAUEN.

Bindungsaufbau durch Fütterung zieht seine Wirkung aus der Welpenzeit. Futter bedeutet für den Welpen: Hier ist es gut, hier gehöre ich hin. Und der Futterquelle laufe ich am besten hinterher! Mit Futter können Sie an die erste elementare Beziehung zwischen Mutter und Welpe anknüpfen.

2. SIE KÖNNEN FUTTER ALS VERSTÄRKER NUTZEN UND DAMIT IHRE KOMMUNIKATION UNTERSTÜTZEN.

Futter ist gut, Futter will der Hund haben – es motiviert ihn ungemein dazu, herauszufinden, wie er an das nächste Belohnungsbröckchen kommt. Wenn Sie Futter gezielt und punktgenau einsetzen, hilft es dem Hund, die richtigen Verknüpfungen herzustellen. Der Hund wird durch die positive Verstärkung konditioniert, auf bestimmte Reize (Signale, Kommandos) bestimmte Reaktionen zu zeigen.

Bindung, Nähe, Vertrauen:
Handfütterung

HANDFÜTTERUNG IST EIN SEHR WIR-
KUNGSVOLLES WERKZEUG. ES LEGT DIE
GRUNDLAGE FÜR DIE BINDUNG.

Dem Hund Futter aus der Hand zu geben, heißt einfach: Schau, wir gehören zusammen. Es ist sicher, von mir Futter anzunehmen. Ich kontrolliere das Futter – ich habe die Verantwortung für das Futter – von mir kommt das Futter. Je stärker Sie die Futtergabe ganz direkt mit Ihrer Person verknüpfen, umso stärker ist dieser Effekt.

Ich rate dazu, zum Bindungsaufbau den Hund für mehrere Wochen aus der Hand zu füttern, und die Handfütterung auch später immer wieder mal anzuwenden. Sie füttern dazu nicht gelegentlich ein paar Leckerli, sondern wirklich die Hauptmahlzeit des Hundes.

Aus der Hand des Menschen zu fressen, ist absolut keine Selbstverständlichkeit. Bei einem Hund wie Ronida wird das sofort deutlich. Für Ronida ist es schon eine große Herausforderung, nur in der Nähe des Menschen zu fressen. An Handfütterung ist anfangs nicht zu denken! Aber auch, wenn Ihr Hund problemlos Futter aus der Hand nimmt, ist das erst der allererste Schritt.

Gehen Sie an den Anfang zurück und geben Sie sich Gelegenheit, die Handfütterung von Grund auf zu erarbeiten. Es lohnt sich.

 WAS SIE MIT DER HANDFÜTTERUNG ERREICHEN

Sie verbringen angenehme, entspannte Zeit mit dem Hund. Keine Arbeitszeit, einfach nur Zeit. Sie lernen sich kennen, lernen den Hund genau zu beobachten und zu lesen. Sie können den Hund mit Ihrer eigenen inneren Ruhe auch ruhig werden lassen. Sie schaffen es, den Hund für sich zu interessieren. Sie bieten dem Hund eine Gelegenheit, Selbstkontrolle zu lernen. Der Hund lernt, den Blickkontakt auszuhalten und aktiv zu suchen, und er lernt seinen Namen. Sie bauen Vertrauen auf und können dieses Vertrauen auch auf andere Situationen übertragen.

Das erste Ziel: Der Hund frisst ruhig aus der Hand.

Handfütterung – Schritt für Schritt

1. SCHRITT: NÄHE

Der Hund soll entspannt in Ihrer Nähe fressen. Wenn Sie einen ängstlichen, misstrauischen oder unsicheren Hund haben, leisten Sie zunächst dem Hund beim Fressen einfach nur Gesellschaft. Bleiben Sie erst einmal nur in seiner Nähe und beobachten Sie, ob der Hund stets entspannt bleibt. Wenn nicht, sind Ihr Blick und Ihre Körpersprache zu direkt.

Wenden Sie dem Hund erst mal den Rücken zu und schauen Sie ihn gar nicht an. Lassen Sie ihn aus dem Napf auf Ihrem Schoß fressen. Nehmen Sie schließlich das Futter in die Hand und lassen Sie den Hund fressen, ohne ihn anzuschauen, zu berühren oder anzusprechen. Bei den meisten Hunden ist das erste Ziel schnell erreicht – andere, wie Ronida, brauchen Wochen dafür.

> 🐾 Petra musste Ronida zuerst behutsam daran gewöhnen, dass sie sich beim Fressen auch nur im selben Raum aufhält. Langsam konnte sie sich nähern, wandte dem Hund aber den Rücken zu. Jeder Blick hätte Ronida verscheucht. Der Hund rechnet ständig damit, vom Futter verjagt zu werden. In ihrer Zeit als Straßenhund war sie vermutlich immer die letzte, die sich an die Reste heranschleichen durfte.

> 🐾 Als nächster Schritt sitzt Petra beim Füttern nur in der Nähe und verhält sich ganz ruhig. Erst wenn Ronida in dieser Situation entspannt fressen kann, darf Petra sich vorsichtig immer näher setzen.
>
> Nach etwa vier Wochen war Ronida so weit, Futter aus Petras Hand anzunehmen. Allerdings nicht, wenn ein fremder Mensch mit Fotoapparat in der Nähe ist.

2. SCHRITT: KONTAKTAUFNAHME

Jetzt beginnen Sie mit der eigentlichen Handfütterung. Setzen Sie sich mit dem Napf auf den Boden und nehmen Sie ein paar Futterbrocken in die Hand. Bei völlig auf ihren Napf fixierten Hunden füllen Sie das Futter in einen Beutel und lassen den Napf aus dem Spiel.

Der Blick des Hundes hängt wahrscheinlich wie gebannt an Ihrer Hand mit dem Futterbrocken. Damit er Sie anschaut, bringen Sie nun Ihre Hand auf die Blickachse zwischen Ihnen und dem Hund, eine gedachte Linie etwa zwischen Ihrem Kinn und der Hundeschnauze.

Stellen Sie sich vor, Sie »ziehen« den Hundeblick wie an einem Faden (behutsam, damit der Faden nicht reißt!) zu sich. Sobald der Hund Sie anschaut, bekommt er den Futterbrocken.

Schauen Sie ihn dabei freundlich an und lächeln Sie.

Für Belga – ebenfalls ein ehemaliger Straßenhund – war die Handfütterung etwas völlig Neues. Anna war sicher, dass Belga das Futter überhaupt nicht annehmen würde, schließlich hatte sie wiederholt versucht, die Hündin mit Futter abzulenken, wenn sie sich an der Leine aggressiv gebärdete. Für Anna war klar:

Lara verknüpft das Futter mit Kims Lächeln und lernt so, den freundlichen Gesichtsausdruck richtig zu deuten.

Belga ist kein Leckerli-Hund! Sie zeigte sich zuerst tatsächlich zurückhaltend und vorsichtig. Sobald sie aber verstanden hatte, dass das Futter tatsächlich für sie bestimmt war, ließ sie sich begeistert auf das Spiel ein. Bei einem ängstlichen Hund wie Belga ist es eine Freude zu sehen, dass sie sich öffnet und Anna am liebsten auf den Schoß krabbeln würde.

Lara dagegen ist nicht ängstlich. Von ihr sollte man ruhig schon etwas mehr Distanz einfordern. Kim schiebt den Hund einfach weg. Wichtig ist es, dabei selbst ganz ruhig zu bleiben – Lara soll sich nicht bestraft und zurückgewiesen fühlen, sie soll nur etwas

respektvoller sein. Hier ist Fingerspitzengefühl gefragt. Ungestüm ist nicht gleich ungestüm.

Es ist sehr wichtig, dass es beim Füttern ruhig und entspannt zugeht. Schimpfen Sie nicht, und verstecken Sie auch nicht das Futter hinter dem Rücken. Einfach nur die Hand schließen.

Das Futter bekommt der Hund, wenn er ruhig wird (und das kann er nur werden, wenn Sie selbst Ruhe ausstrahlen!). Lara hat sehr schnell begriffen, worum es geht, und damit auch ein Stück Selbstbeherrschung erworben. Das wird ihr beim weiteren Lernen helfen.

Belga taut auf. Sie findet nicht nur das Futter hochinteressant, sondern auch Annas Mimik.

Lara ist aufdringlich und wird weggeschoben.

3. SCHRITT: AUFMERKSAMKEIT ÜBERTRAGEN

Jetzt geht es darum, die Aufmerksamkeit des Hundes für das Futter auf Sie zu übertragen. Achten Sie darauf, ob der Hund beginnt, aktiv den Blickkontakt zu suchen. Führen Sie die Hand zum Beispiel mal auf Ihrer Kopfhöhe zur Seite und beobachten Sie, ob der Hund seinen Blick irgendwann von der Hand löst, um zu Ihnen zu schauen. Jetzt bekommt er das Futter. Probieren Sie aus, wie Ihr Hund auf Ihre Mimik reagiert. Je mehr Sie dabei aus sich herausgehen, umso mehr Aufmerksamkeit wendet Ihnen Ihr Hund zu. Eine deutliche, sogar übertriebene Mimik ist für den Hund interessant. In der angenehmen Atmosphäre der Handfütterung erkennt er, dass Ihr Lächeln Freude und positive Bestätigung ausdrückt. Das wird er dann auch in anderen Situationen richtig, als Lob, interpretieren. Mit der Zeit kann Ihr Lächeln das Futter als positives Signal ersetzen.

Eine ausdrucksvolle Mimik macht den Hund aufmerksam, nicht nur bei der Handfütterung!

Bei der Handfütterung geht es zunächst mal gar nicht um Erziehung, in dem Sinne, dass der Hund etwas ganz Bestimmtes lernen soll. Es geht nur um die Beziehung. Es geht darum, den Hund freundlich dazu einzuladen, Nähe aufzubauen, einander kennen zu lernen, intensive Zeit mit Ihnen zu verbringen. Und ihm zu zeigen: Schau her, Futter gibt es bei mir!

Es gibt kein: So muss das aussehen. Handfütterung ist keine Lektion. Es geht nicht um die äußere Form, sondern um den Inhalt, um die Beziehung. Nutzen Sie die Handfütterung, um sich kennen zu lernen, um ein Gefühl für Ihren Hund zu bekommen. Spüren Sie, wie Sie das Verhalten Ihres Hundes einfach nur durch Ihr eigenes Verhalten beeinflussen – nicht durch Loben oder Tadeln, sondern dadurch, wie Sie in diesem Moment sind. Nehmen Sie Verbindung auf.

Mit einem unverdorbenen jungen Hund haben Sie es erst mal leicht. Der Welpe vertraut bereitwillig. Alles, was er bisher gelernt hat, ist: das Futter kommt von Mama, Mama ist toll, und der Mama laufe ich hinterher. Was sie sagt, ist erst einmal Gesetz! Mit einem erwachsenen Hund, der schon alle möglichen Erfahrungen gemacht hat, ist das nicht ganz so einfach. Trotzdem können Sie immer auf die grundsätzliche positive Verknüpfung bauen: Futter = gut. Allerdings müssen Sie sich ein wenig mehr anstrengen, sich selbst mit in diese Verbindung einzubringen. Was Sie nämlich nicht wollen, ist, nichts weiter als ein Hindernis zwischen Ihrem Hund und dem Futter zu sein.

🐾 **Ihr Ziel ist es, die Ressource Futter zu kontrollieren, der Futtergeber zu sein: »Es lohnt sich, sich mit mir zu beschäftigen, denn von mir kommen die guten Sachen!« Und daraus wird dann, mit der Zeit: »Du gehörst zu mir, folge mir!«**

Viele Hunde arrangieren sich ganz gut mit den Zweibeinern, indem sie sie weitgehend ignorieren und ihrer eigenen Wege gehen. Das typische Bild »Mensch mit Hund an der Leine« – Hund geht vorneweg (und zieht mehr oder weniger), Herrchen hinterher, beide schauen in die Landschaft ... das sind dann die Hunde, die »eigentlich ganz toll« sind, sich aber im Freilauf gerne selbstständig machen. Oder die, die »nur hören, wenn sie wollen«. Oft sind es auch ganz unkomplizierte Hunde, die einfach gelernt haben, sich anzupassen, die irgendwie mitlaufen, aber dabei in sich gekehrt bleiben. Einen solchen Hund könnten Sie füttern, so viel Sie wollen – er zieht nicht den Schluss daraus, dass er mehr bei Ihnen sein, sich an Sie binden sollte. Er lernt nur, einen Futterautomaten zu bedienen.

Mit richtiger Handfütterung erreichen sie, dass der Hund sich auf Sie einlässt und auf Sie konzentriert. Er muss Nähe zulassen und gleichzeitig Ihre persönlichen Grenzen kennen und respektieren lernen. Nervöse Hunde müssen zu mehr Ruhe und Gelassenheit finden. Bei der Handfütterung passiert das ganz automatisch. Solange der Hund zappelt, giert oder Sie bedrängt, bekommt er nichts.

Aber Achtung: Auch hier geht es wieder nicht einfach nur um das mechanische Einüben: Der Hund gibt Ruhe, dafür gibt es Futter! Es geht hier nicht darum, einen Befehl zu lernen, sondern die eigene innere Ruhe auf den Hund zu übertragen. Das ist wichtig! Sonst machen Sie nämlich eine Konkurrenzsituation aus der Fütterung: »Ich will jetzt, dass du still hältst und nur dann gibt es was! Weil ich der Boss bin!« Und da wollten Sie schließlich meilenweit darüber stehen – und kein Schulhof-Bully sein. Denken Sie immer an die Art der Beziehung, die Sie aufbauen wollen. Sie ist kein Machtkampf. Der Hund bleibt ruhig, weil der Mensch ruhig bleibt. Und wenn er in der Lage ist, seine Gier aufs Futter zu kontrollieren und statt dessen seine Aufmerksamkeit auf den Menschen richtet (sich auf die Beziehung einlässt), bekommt er aus dessen Hand das Futter.

> **Nicht selten berichten mir Hundebesitzer stolz, dass der Hund gelernt habe, brav auf sein Futter zu warten. Das sieht dann aber mitunter so aus: Der Hund sitzt angespannt in Warte-Lauer-Stellung und beobachtet gebannt die Herstellung des Futters. Der Mensch beeilt sich natürlich, den Napf hinzustellen und das Signal zu geben – und der Hund stürzt sich drauf. Rein mechanisch betrachtet stimmt ja alles: Der Hund hat den Menschen nicht bedrängt und brav gewartet. Er hat sich aber nur für seinen Napf interessiert, der Mensch ist völlig nebensächlich. Der Hund hat gelernt, wie er den Menschen dazu bringt, das Futter endlich rauszurücken – das ist alles.**

KENNT IHR HUND SEINEN NAMEN?

Ganz fließend können Sie in die Handfütterung die erste abstrakte Lernaufgabe einbauen: Der Hund soll seinen Namen lernen. Auch, wenn Sie Ihren Hund schon lange haben, und sich sicher sind, dass er weiß, wie er heißt – setzen Sie den Namen ganz bewusst bei der Handfütterung ein.

Warum ist das so wichtig? Mein Hund soll auf mich achten. Er soll wissen: Wenn er seinen Namen hört, soll er mich anschauen und abwarten, was als Nächstes kommt. Das funktioniert nur, wenn der Hund mit dem immer gleichen Namen deutlich angesprochen wird,

bevor ein Kommando folgt. Wenn man mehrere Hunde hat, ist das besonders wichtig, damit man mit jedem Hund unabhängig voneinander arbeiten kann. Meine Hunde wissen genau, wann wer von ihnen gemeint ist. Nur so kann ich z.B. einen von beiden zu mir rufen, während der andere auf seinem Platz bleibt.

Ein anderer Fehler, der sich leicht vermeiden lässt, ist, den Hund mit Psst!, Zungenschnalzen o. Ä. auf sich aufmerksam zu machen. Ungewohnte Laute interessieren den Hund zwar kurzzeitig – aber nur, solange nichts anderes interessanter ist. Sie sind uneindeutig und nutzen sich schnell ab.

Die Reaktion auf seinen Namen muss man mit dem Hund üben – je intensiver, umso zuverlässiger wird er darauf reagieren.

Bei der Handfütterung haben Sie bereits erreicht, dass der Hund Sie ansieht und sich Ihnen zuwendet. Nun verbinden Sie das mit seinem Namen. Rufen Sie den Hund beim Namen, warten Sie, bis er Sie anschaut (lassen Sie dem Hund dabei Zeit zu reagieren, bevor Sie den Namen wiederholen) und geben Sie dann das Futter. Mehr nicht! Der Hund soll kein Kommando ausführen, nur auf seinen Namen reagieren.

Hier stehen Sie am Übergang zu dem, was die meisten Menschen unter Hundeerziehung verstehen: dem Einüben von Grundgehorsam und Befehlen. Wenn Sie mit der Bindungsarbeit ein gutes Fundament gelegt haben, sind die weiteren Schritte viel einfacher geworden.

Bald sollte der Hund Sie immer anschauen, wenn Sie seinen Namen rufen. Nicht herkommen – nur anschauen: Blickkontakt aufnehmen.

BLICKKONTAKT

Blickkontakt ist eine echte Leistung für den Hund. Es ist nicht in seinem natürlichen Kommunikationsrepertoire angelegt, Blickkontakt aufzunehmen. Hunde schauen sich nicht einfach so direkt in die Augen! Unter Hunden ist das Fixieren eine Drohgebärde – dann schaut der Unterlegene sofort weg, oder es knallt gleich. Nicht von ungefähr ist das Wegschauen eine Beschwichtigungsgeste, die signalisiert: Ich suche keine Konfrontation.

Tu mir nichts, ich tu dir auch nichts! Das betonte Abwenden ist eine Beschwichtigungsgeste.

Blickkontakt zum Menschen ist etwas, das der Hund tatsächlich lernen muss. Er muss keineswegs nur lernen, dass er den Menschen anschauen soll – er muss auch den Blick aushalten lernen. Ein bestimmtes Verhalten einzuüben, ist recht einfach, und dazu gehört auch das Nach-oben-Schauen. Aber nur, wenn der Hund es schafft, den Blick des Menschen auszuhalten, darauf zu reagieren, und sich dabei wirklich wohl fühlt, ist das ein Zeichen für Vertrauen.

Sehr viele Hunde haben immer einen fragenden bis misstrauischen Ausdruck in den Augen, weichen dem Blick aus oder werden aufgeregt, sobald man direkten Blickkontakt aufnimmt. Beobachten Sie Ihren eigenen Hund und andere Hunde in verschiedenen Situationen und achten Sie genau auf den Blick. Dazu muss man kein Verhaltensbiologe sein. Üben Sie, Hundeblicke zu lesen. Probieren Sie aus, ob ein Hund bereit ist, Blickkontakt aufzunehmen, versuchen Sie zu erspüren, ob es ihn nervös macht, ob er ausweicht oder sich unwohl fühlt.

Man fühlt es, wenn der Blick offen und selbstbewusst ist – wir Menschen haben schließlich ebenso feine Antennen für die Ausstrahlung eines anderen Wesens wie ein Hund.

Üben Sie sich auch selbst darin, Ihren Hund freundlich und offen anzuschauen. Denn wenn Sie eine intensive Beziehung zu Ihrem Hund aufbauen wollen, ist Blickkontakt extrem wichtig.

Blickkontakt ist gleich Aufmerksamkeit, und nur ein aufmerksamer Hund wird auf Sie, Ihre Befehle und Ihre Körpersprache achten. Blickkontakt ist die Grundlage der Kommunikation zwischen Hund und Mensch. Aber nur, wenn der Blickkontakt echt ist und der Hund auch von sich aus – unaufgefordert – den Blickkontakt sucht.

Zum Blickkontakt können Sie nur einladen, Sie können ihn nicht erzwingen. Nehmen Sie Blickkontakt nicht als etwas Selbstverständliches hin, sondern als eine Aufgabe, die gelernt und geübt werden will. Zwingen Sie den Hund aber nicht zu immer längerem und noch längerem Anschauen. Darum geht es nicht.

> 🐾 **Gehen Sie sorgsam mit dem Blick um!** Blickkontakt darf kein Anstarren sein, sondern ein freundliches, offenes Anschauen. So, wie Sie einem Freund in die Augen schauen, der Ihnen gegenüber am Tisch sitzt. Dem würden Sie auch nicht unverwandt und ohne Mimikspiel, ohne Lächeln ins Gesicht glotzen – jedenfalls nicht, ohne ihn zu vertreiben. Der freundliche, offene Blick ist niemals starr, sondern gleitet übers Gesicht und findet immer wieder die Augen.

Wenn klar ist, dass es für den Hund eine echte Leistung ist, den Menschen direkt anzuschauen, ist auch klar, warum entspannte Ruhe bei der Handfütterung so wichtig ist. Bei der Handfütterung legen Sie die Grundlage für den Blickkontakt. Aber sobald es hektisch und unruhig wird, wird der Hund unsicher. Er wird auf Distanz gehen und er wird dem Blick ausweichen. Wenn von Ihnen Stress und Druck ausgehen, wird er nicht den Blickkontakt suchen. Oder – und das ist fast ein noch größeres Problem – er wird zwar die Übung ausführen und hoch schauen, aber sich nicht innerlich dem Kontakt öffnen.

Dadurch, dass Sie das Futter von der Kinnspitze her führen, lenken Sie den Blick des Hundes, der ja auf das Futter schaut, auf Ihr Gesicht. Das ist die Technik. Aber: Wie immer geht es nicht um die Technik allein. Bleiben Sie nicht auf der Stufe des mechanischen Lernens stehen. Wenn Ihr Hund Sie NUR anschaut, wenn Sie Futter ans Kinn halten, dann stehen Sie noch ganz am Anfang. Es ist nicht nur das Futter, das den Hund dazu bewegt, Sie anzuschauen. Das Futter ist der Auslöser. Was der Hund sieht, wenn er den Blick auf Ihr Gesicht richtet, ist entscheidend: ein freundlicher offener Ausdruck und eine interessante Mimik. Achten Sie darauf, zu lächeln, wenn Ihr Hund Sie ansieht. Sollte sich der Blickkontakt auf Dauer nur mit Futter herstellen lassen – dann arbeiten Sie an Ihrer Mimik!

Dass Blickkontakt wichtig ist, ist nichts Neues und wird überall gelehrt. Mitunter ist der Blickkontakt aber nicht viel mehr als ein andressiertes Verhalten in einer ganz bestimmten Situation. Beim Training wird häufig auf die gewünschte Körperhaltung des Hundes hingearbeitet, die Haltung regelrecht angefüttert, und daraus ergibt sich dann, von außen betrachtet, der stete Blickkontakt. Das mag zum gewünschten Ergebnis führen – es ist aber kein echter Blickkontakt, der aus der Beziehung heraus entstanden ist. Außerhalb der Übungs- oder Prüfungssituation zeigt derselbe Hund ein ganz anderes Verhalten.

Kein Hund schaut ständig und ununterbrochen hoch, das ist einfach unnatürlich, und es wäre absurd, das zu verlangen. Aber zeigt der Hund, der auf dem Hundeplatz so aufmerksam am Bein klebt und nach oben schaut, auch im Alltag einen offenen Blick, beobachtet er Sie aus den Augenwinkeln, um es zu erwidern, wenn Sie den Kontakt suchen? Darauf kommt es an.

Also: Achten Sie nicht auf die Äußerlichkeiten, sondern darauf, wie es sich anfühlt. Unterscheiden Sie Form und Inhalt ganz genau,

AUF DIE MIMIK KOMMT ES AN.

und legen Sie keine Schablonen an. Es geht überhaupt nicht darum, dass der Hund Sie möglichst ununterbrochen anstarrt. Es schadet dem Hund nicht, das zu tun, es ist auch kein Trauma für den Hund, es zu trainieren, es sagt nur einfach nicht besonders viel über die Beziehung aus. Es ist zunächst einfach nur ein Trick, den der Hund gelernt hat – vielleicht bis zur Perfektion gelernt hat – aber es ist ein Trick. Und ein Trick allein reicht (mir) nicht.

FORMEN SIE DIE BEZIEHUNG – NICHT DEN HUND.

Der wichtige nächste Schritt ist es, den Blickkontakt in alle denkbaren Alltagssituationen zu übertragen. Achten Sie darauf, ob Ihr Hund beginnt, Sie mehr zu beachten, stets im Blick zu haben. Fördern Sie das, indem Sie ihn auch beim Spazierengehen immer wieder mal zu sich rufen und aus der Hand füttern – nehmen Sie den freundlichen Kontakt, die Nähe der Handfütterungssituation mit nach draußen.

Es hängt von der Vorerfahrung, aber auch der Rasse und der Persönlichkeit eines Hundes ab, wie bereitwillig er auf Blickkontakt eingeht. Hunderassen, die extrem auf die Zusammenarbeit mit dem Menschen selektiert wurden, wie z. B. der Deutsche Schäferhund, sind viel leichter dazu zu bringen, wie gebannt am Menschen zu hängen. Ein ehemaliger Straßenhund reagiert anders als ein Hund, der in freundlicher Obhut des Menschen aufgewachsen ist. Der Erfolg beim Aufbau eines guten Blickkontakts lässt sich also nicht wirklich messen und vergleichen. Dauer ist auf jeden Fall nicht das Kriterium. Es geht nicht darum, dass der Hund mir möglichst lange in die Augen schaut. Es geht darum, dass er immer wieder, wenn auch nur kurz, den Blickkontakt von sich aus sucht und meine Einladung zum Blickkontakt erwidert. Einladung – nicht Befehl.

> 🐾 Meine Hunde gehen sehr unterschiedlich mit Blickkontakt um. Siska hat einen offenen, treuherzigen Blick, den sie zu ihrem Vorteil einzusetzen weiß. Sie ist ein ungemein freundlicher, dabei eigenwilliger Hund und spielt gern den Clown. Falk ist ein sehr selbstbewusster Hund und zeigt sich bei der Arbeit extrem konzentriert und aufmerksam – ein richtiger »Workaholic«. Er biedert sich niemals an, ist eher distanziert. Und wenn es keinen Grund gibt, direkten Blickkontakt aufzunehmen, dann tut er das auch nicht. Er hat mich aber immer im Blick, meine Einladung zur Kontaktaufnahme nimmt er prompt an und ist dann auch 100 % bei der Sache.
> Ich finde es schön und wichtig, dass sich die Persönlichkeiten meiner Hunde auch in ihrem Blick und der Art, wie sie mit Blickkontakt umgehen, widerspiegeln und entfalten dürfen.

VERTRAUEN AUF- UND AUSBAUEN

Über die Handfütterung haben Sie die Grundlage für Vertrauen und Nähe gelegt. Es ist nicht selbstverständlich für einen Hund, aus der Hand zu fressen und die unmittelbare Nähe des Menschen auszuhalten. Dass das für Hunde wie Ronida gilt, ist offensichtlich.

Aber es gilt auch für viele andere Hunde, deren Signale nur falsch interpretiert oder übersehen werden. Wir sind uns so sicher, dass Hunde »Streicheleinheiten« mögen, dass wir gar nicht mehr hinterfragen, ob das wirklich der Fall ist. Viele Hunde gehen bei Berührungen regelrecht hoch, sie werden nervös, zappelig, fordern sofort zum Spiel auf, springen hoch, schnappen »spielerisch« nach den Händen. Solche Hunde reagieren häufig sehr stark auf den Menschen, sind anhänglich, folgen oft auf Schritt und Tritt. Sie sind unsicher.

Andere Hunde lassen Berührungen über sich ergehen, aber finden die Nähe des Menschen nicht wirklich angenehm. Sie haben gelernt, Berührungen einfach zu ignorieren.

Manche Hunde wehren sich regelrecht dagegen, angefasst zu werden. Das sind aber die wenigsten. Die meisten nehmen es in Kauf, weil sie die Aufmerksamkeit des Menschen durchaus wollen, den Kontakt suchen. Wenn Sie nun auf diese Bereitschaft zum Kontakt in einer Art und Weise eingehen, die der Hund tatsächlich angenehm findet, können Sie das Vertrauen und die Bindung erheblich ausbauen.

Zunächst einmal: Fassen Sie den Hund nicht einfach ohne Vorankündigung an. Stellen Sie sicher, dass er Sie offen ansieht, nicht ängstlich oder misstrauisch ist. Statt sich bedrohlich über ihn zu beugen, gehen Sie in die Hocke, um Kontakt aufzunehmen.

Verbinden Sie den Aufbau körperlicher Nähe mit der Handfütterung. Aber auch hier ist das Futter keine Belohnung fürs Aushalten! Dies ist keine Übung, keine Lektion, kein Trick. Sie wollen das bereits mit der Handfütterung erworbene Vertrauen auf die neue Situation übertragen. Sie wollen dabei keine neue Konkurrenzsituation erschaffen: »Wenn du dich nicht anfassen lässt, bekommst du kein Futter!« wäre der ganz falsche Hintergedanke. Ebenso wenig ist Futter nur eine Ablenkung. Solange der Hund mit dem Leckerli beschäftigt ist, können Sie ganz schnell den Splitter aus der Pfote ziehen? Nein! Der Hund soll immer ganz genau und bewusst mitbekommen, was mit ihm geschieht. Nur dann kann er echtes Vertrauen fassen. Je intensiver Sie an diesem Vertrauen arbeiten, desto besser sind Sie auf schwierige Situationen bei Verletzungen oder beim Tierarzt vorbereitet.

Futter hilft dem Hund zu verstehen, dass alles gut ist. Die entspannte Ruhe der Handfütterung muss unbedingt beibehalten werden.

Schauen Sie ganz genau hin: Wie reagiert der Hund, wenn sich die Hand nähert? Zuckt er zurück – auch nur minimal? Wird er unruhig? Achten Sie auf kleinste Anzeichen.

Versuchen Sie, sich dem Hund nie aufzudrängen. Die meisten Menschen gehen direkt hinterher, wenn der Hund auf Abstand geht. Ganz unwillkürlich – der Hund zuckt einen Millimeter zurück – die Hand geht diesen Millimeter weiter vor. Und der Millimeter hat Sie einen Millimeter Ihrer Beziehung gekostet. Denn der Hund hat gelernt, dass seine Signale nicht erkannt werden. Sein Unwohlsein ist berechtigt. Der Hund geht entweder immer mehr auf Rückzug, wehrt sich irgendwann, wird unruhig oder resigniert. Egal, was passiert: Er lässt sich in jedem Fall weniger auf die Beziehung ein. Er zieht sich hinter einen schützenden Wall zurück, den er zwischen sich und Ihnen errichtet hat. Gehen Sie genau andersherum vor: Ziehen Sie sich zurück, bevor es der Hund tut! Zwingen Sie ihm nicht mehr auf, als er ertragen kann. Vor allem in der Phase des Kennenlernens ist das ganz wichtig. Nähern Sie sich behutsam an. Nicht zögernd und unsicher, einfach nur mit Respekt vor dem anderen Lebewesen und seinen persönlichen Grenzen. Berühren Sie den Hund kurz. Bevor es ihm unbehaglich wird, ziehen Sie sich schon wieder zurück. Nicht hektisch. Bleiben Sie dabei ganz entspannt, die Hand nähert sich ruhig und zieht sich ruhig zurück, sie zuckt nicht zurück. Durchatmen, und noch mal von vorn. Schieben Sie die imaginäre Grenze, wie weit Sie gehen können, ganz langsam immer weiter. Der Hund muss

nicht mehr aushalten, als er in diesem Moment ertragen kann, er kann entspannt bleiben und bekommt Gelegenheit, für sich herauszufinden, dass die Berührungen nicht schlimm sind. Versuchen Sie, Ihren Hund so gut zu lesen, dass Sie sich stets zurückziehen können, bevor er es tut! Dann werden die Phasen, in denen er entspannt bleibt, sehr schnell länger. Fangen Sie mit angenehmen Berührungen an, streichen Sie ihm über Brust und Flanken. Bleiben Sie erst einmal vom Kopf und den Ohren weg!

Laden Sie den Hund zu sich ein, er soll körperliche Nähe bei Ihnen suchen. Hunde mögen es, beieinander zu liegen und Nähe zu spüren. Körperkontakt ist aber nicht dasselbe wie Streicheln! Wenn der Hund die Nähe sucht, gewähren Sie ihm diese, ohne ihn dabei mit den Händen anzufassen oder zu klammern.

Je besser der Hund die Berührungen aushält, umso weiter können Sie gehen. Fangen Sie an, zwischendurch kurz ins Maul und in die Ohren zu schauen, ganz beiläufig, ohne großes Aufheben darum zu machen. Es ist einfach eine andere Berührung. Je selbstverständlicher Sie das tun, umso weniger regt sich der Hund darüber auf. Genauso bereiten Sie vor, dass sich der Hund von Ihnen tragen lässt. Auch ein großer Hund muss damit umgehen können, festgehalten und hochgehoben zu werden.

> **Beobachten Sie sich: Gehen Sie hinterher, wenn der Hund auf Distanz geht? Beim Streicheln, beim Spielen, beim Üben? Ganz oft sieht man das: Der Hund geht einen winzigen Schritt rückwärts. Der Mensch geht einen winzigen Schritt nach vorn. Der Hund geht einen großen Schritt nach hinten. Der Mensch setzt nach und geht einen großen Schritt nach vorn. Er bekommt einen scharfen Ton in der Stimme. Irgendwann erwischt der Mensch den Hund und schafft es, ihn zum Beispiel anzuleinen.**
>
> **Damit ist das gewünschte Ergebnis vielleicht erreicht. Aber der Hund hat wieder die Erfahrung gemacht, dass er mit Recht auf der Hut ist. Egal wie gehorsam dieser Hund auch ist oder nicht ist: Er strebt innerlich weg vom Menschen. Und solange er das tut, geht er keine Bindung ein.**

Laden Sie ihn zu sich auf den Schoß ein, fangen Sie mit einer vorsichtigen Umarmung an, nach und nach kommt das Anheben dazu. Je kleiner die Schritte, umso schneller kommen Sie zum Ziel. Das ist keine unwichtige Übung, keine Selbstverständlichkeit! Es ist aktive, intensive Bindungsarbeit. Jedes Mal, wenn der Hund bereitwillig zu Ihnen kommt, Ihrer Einladung zur Nähe folgt, haben Sie ein Stück Bindung dazugewonnen.

Welpe Balou sucht Geborgenheit durch Körperkontakt. Das ist etwas Anderes als Streicheln und Kraulen!

Jedes Mal, wenn der Hund – und sei es auch noch so minimal – vor Ihren Berührungen ausweicht, sich wegduckt oder einen Schritt nach hinten macht, vielleicht nur den Kopf einzieht und die Augen zusammenkneift, haben Sie wieder ein klein wenig Bindung verloren.

STREICHELN ALS LOB?

Ganz typisch: Der Hund macht brav »Sitz!« und bekommt gleichzeitig ein »Fein!«, ein Leckerli und ein Streicheln über den Kopf. Meist springt er dann auch gleich wieder auf. Das war alles zu viel auf einmal. Benutzen Sie Streicheln und Tätscheln besser nicht als Lob, vor allem nicht am Kopf.

Denn:
1. Eine solche Berührung ist für die meisten Hunde gar keine tolle Belohnung.
2. Damit der Mensch den Hund anfassen kann, muss er sich nach vorne, über den Hund beugen. Das allein reicht oft schon, dass der Hund sich unbehaglich fühlt und nach hinten ausweicht.
3. Das Streicheln lenkt den Hund ab. Wenn er eben noch aufmerksam den Menschen angeschaut hat, kommt jetzt die Hand dazwischen.
4. Mit dem Streicheln lässt automatisch Ihre Körperspannung nach: Das gibt ungewollt das Signal zum Beenden der Arbeit, der Hund steht auf. Um konsequent zu sein, müssen Sie jetzt nacharbeiten. Machen Sie es Ihrem Hund leichter, indem Sie Ihre klare Körperhaltung beibehalten, bis Sie ihn mit »und ab!« aus der Arbeit entlassen.

Natürlich streicht man mal über den Kopf – ein gefestigter Hund mit guter Bindung wird das Lob auch verstehen. Bei einem unruhigen Hund, der bei Berührungen zurückgeht, richten Sie mit unbedachtem Anfassen aber Schaden an. Gehen Sie bewusst damit um, wie Sie loben!

Wissen Sie, wo Ihr Hund gerne gestreichelt wird? Die meisten Menschen fassen Hunde ständig am Kopf und den Ohren an. Das finden viele Hunde unangenehm. Natürlich sollte sich der Hund überall anfassen lassen, auch an den Ohren – ob er das aber ausgerechnet als Belohnung empfindet? Finden Sie heraus, welche Berührungen Ihr Hund wirklich mag!

Auch wenn Sie sich jetzt überhaupt nicht angesprochen gefühlt haben: Setzen Sie sich mit dem Hund auf den Boden und probieren Sie aus, wie Ihr Hund auf Berührungen reagiert. Erarbeiten Sie sich das ganze Thema neu – als würden Sie Ihren Hund noch gar nicht kennen. Sie werden viel über sich und Ihren Hund lernen.

Wenn Sie einen Hund haben, der sich beispielsweise beim Kämmen furchtbar aufregt, der nach der Hand schnappt, der sich nicht untersuchen lässt oder beim Anleinen nicht stillhält, dann nehmen Sie sich ganz viel Zeit für die Handfütterung. Gehen Sie dabei in winzig kleinen Schritten vor. Werden Sie kreativ! Wenn der Hund Panik vor der Bürste hat, dann legen Sie mal einen Futterbrocken auf die Bürste, bewegen Sie den Hund dazu, sich mit dem furchterregenden Gegenstand auseinanderzusetzen. Streichen Sie ihn erst nur mit der Rückseite der Bürste. Tasten Sie sich langsam heran. Aber überfallen Sie den Hund niemals. Wenn der Hund für sich einen Grund sieht, auszuweichen oder sich zu verteidigen, sind Sie zu weit gegangen. Nicht aufgeben. Einfach ruhig bleiben, die Hand mit dem Futter schließen, den Hund wieder einladen, näher zu kommen und sich erneut ganz langsam herantasten.

Auch beim Anleinen hilft Futter. Der Hund darf das Anlegen der Leine nicht als unangenehm erfahren, sondern soll aktiv dabei mitarbeiten und genau mitbekommen, was passiert.

ANGST- UND STRESSSITUATIONEN

Die Handfütterung hilft, sich an Angst mach-ende Situationen anzunähern. Machen Sie sich aber klar: Sobald der Hund wirklich unter Stress steht, wird er Futter gar nicht mehr annehmen. Also wieder: ganz kleine Schritte! Nähern Sie sich der Angstsituation langsam an und versuchen Sie, die Aufmerksamkeit des Hundes über die Handfütterung auf sich zu lenken. Aber Achtung: Es geht nicht darum, dass er sich irgendwie überwindet, das Fut-ter aus Ihrer Hand schnappt und dabei ange-

> 🐾 **Ronida hatte anfangs vor allem Angst. Sie verließ den Raum, sobald Petra ihn betrat, sie zuckte bei jedem Geräusch zusammen oder flüchtete in den Garten.**
> **Bei einem solchen Hund ist es wichtig, ihn in seiner Angst nicht noch zu bestärken. Ronida hatte für sich entschieden, sicher-heitshalber alles Neue, alles Unbekannte für gefährlich zu halten. Natürlich möchte man dem Hund keine Angst machen, daher fing Petra unwillkürlich damit an, andau-ernd Rücksicht zu nehmen. Sie bekam weniger Besuch, sie bewegte sich leise und langsam durch ihre Wohnung und vermied laute Geräusche. Schließlich zuckte sie selbst schon zusammen, sobald es irgend-wo klapperte.**
> **Das ist der falsche Weg. Ich riet Petra, öfter mit dem Geschirr zu klappern, ab und zu auch mal etwas fallen zu lassen, einfach keine übertriebene Rücksicht zu nehmen, sondern sich normal zu verhalten. Nur so konnte sich Ronida an alltägliche Geräusche gewöhnen und an Petras Verhalten ablesen, dass alles in Ordnung ist und keine Gefahr besteht.**

spannt die »Gefahr« im Auge behält. Sie wollen den Hund nicht ablenken. Sie wollen erreichen, dass der Hund Sie anschaut, entspannt aus Ihrer Hand frisst und sich in Ihrer Nähe sicher fühlt. Sie wollen, dass Sie in dem Moment für ihn wichtiger sind als seine Angst. Achten Sie genau auf den Unterschied!

So, wie Sie Berührungen erarbeiten können, gehen Sie auch mit den Angstauslösern um. Wenn es das Auto ist, vor dem Ihr Hund Angst hat, dann verlegen Sie die Handfütterung in die Nähe des Autos, später in das Auto. Wenn es der laute Staubsauger ist, dann lassen Sie den Staubsauger laufen – erst im Nebenraum, dann immer mehr in Ihrer Nähe – während Sie den Hund aus der Hand füttern. Wie schwierig oder einfach es ist, Ängste und Stress abzubauen, ist natürlich sehr individuell. Manche Hunde verlieren Ihre Ängste schnell, andere brauchen sehr lange dazu. Man sollte Ängste erkennen und respektieren, aber nicht hinnehmen.

Genauso können Sie die Handfütterung ein-setzen, um mit Situationen, die für Sie selbst stressig sind, besser umzugehen. Wenn Ihr Hund sich irgendwo besonders leicht ablenken lässt, vielleicht, weil es gerade hier auf Ihrer gewohnten Laufstrecke ungemein interessant riecht, dann verlegen Sie die Handfütterung eben dorthin.

ABLENKEN MIT FUTTER?

Es wird häufig geraten, einen Hund, der sich aufregt oder aggressiv gebärdet, mit Futter abzulenken, um ihn so aus der Stress-Situa-tion rauszuholen. Meistens klappt das über-haupt nicht, auf jeden Fall bringt es nicht die gewünschte dauerhafte Wirkung.
Es hilft, sich immer klar zu machen, worin der Sinn der Handfütterung liegt. Sie liegt darin,

die Aufmerksamkeit des Hundes auf sich zu lenken und ihm das Angebot zu machen: Bei mir bist du sicher!

Es geht eben nicht darum, den Hund abzulenken. Er soll die vermeintliche Gefahr ja wahrnehmen (er hat sie sowieso lange vor Ihnen gesehen), aber trotzdem entspannt bleiben. Nicht, weil er kurzzeitig seine Aufmerksamkeit auf das Futter richtet, sondern weil er die Erfahrung macht, sich sicher fühlen zu können. Bei Ihnen.

Völlig nach hinten losgehen kann der Versuch, den Hund mit Futter abzulenken, wenn er dadurch völlig falsche Verknüpfungen herstellt. Zum Beispiel, wenn Ihnen ein Hund entgegenkommt und Sie versuchen, Ihren Hund mit Futter davon abzuhalten, zu bellen oder auf einen anderen Hund loszustürmen. Wenn Sie nun mit einem Leckerli vor der Nase des Hundes herumwedeln, ihn locken und bitten – »Schau mal hier, fein, fein ...« – erreichen Sie nichts, außer den Hund zu nerven. Er wird sich Mühe geben, Sie zu ignorieren (vielleicht nebenbei das Futter herunterwürgen), schließlich hat er gerade viel Wichtigeres zu tun, er muss sich um seine Sicherheit kümmern. Logisch, dass Sie in dieser Situation keine Punkte auf Ihrem Beziehungskonto gesammelt haben.

Schlimmer noch, Sie bestärken den Hund sogar noch in seinem Verhalten. Die freundliche Stimme und das Leckerchen kommen in einer Situation, in der er nicht auf Sie achtet, den anderen Hund fixiert oder gar stänkert. Viele Hundebesitzer glauben, sie würden ihren Hund für das Nicht-Bellen loben. Das versteht der Hund aber garantiert nicht. Sie haben das Anstarren, Fixieren, die angespannte Körperhaltung und die von Ihnen weg gerichtete Aufmerksamkeit gelobt.

Futter und freundliches Säuseln, solange der Hund mit der Aufmerksamkeit nicht bei Ihnen ist, ist also im besten Fall sinnlos, im schlechtesten Fall verstärkt es das Verhalten.

Sicher ist es sinnvoll, den Hund aus seinem Stress herauszuholen. Das muss aber nicht das Futter leisten, das müssen Sie leisten. Wenn Sie gut vorgearbeitet haben, werden Sie zunehmend besser darin werden, den Hund auch in stressigen Situationen auf sich zu konzentrieren. Wenn Sie sich mit Ihrem Hund über die Handfütterung intensiv vertraut gemacht haben, können Sie auch besser erkennen, wann er wirklich entspannt und ganz bei Ihnen ist. Es ist ein großer Fehler, erst in schwierigen Situationen an der Aufmerksamkeit zu arbeiten. Denn ohne Grundlagen geht es nicht.

AUFMERKSAMKEIT

Mit der Handfütterung haben Sie den Grundstein für einen aufmerksamen Hund gelegt. An dieser Stelle ist es mir wichtig, kurz darüber nachzudenken, was mit Aufmerksamkeit eigentlich gemeint ist.

Ich habe immer wieder Kunden, deren Hunde zwar Prüfungen bestanden haben, die aber im Alltag trotzdem Probleme haben. Auf dem Platz arbeitet der Hund hoch motiviert und aufmerksam mit, aber zuhause klappt die Kommunikation nicht oder viel schlechter.

Das hat verschiedene Gründe:

1. Im geschützten Raum des Hundeplatzes muss man sich vielen Problemen überhaupt nicht stellen. Der Hund kann nicht weglaufen oder sich entziehen. Die Frage, ob sich Hund und Mensch wirklich vertrauen, stellt sich gar nicht. Eine

instabile Bindung und fehlende Aufmerksamkeit macht sich auf dem Hundeplatz viel weniger bemerkbar als im Alltag.

2. Der Mensch benimmt sich auf dem Hundeplatz völlig anders. Er ist konzentriert und motiviert und will vor den anderen und dem Trainer sein Können beweisen. Zuhause fällt diese Motivation weg – und allzu oft werden die täglichen Anforderungen des Alltags nicht als »Aufgabe« verstanden. Während man in der Übungssituation ganz intensiv arbeitet, geht man davon aus, dass der Hund schon irgendwie weiß, wie er sich zuhause zu verhalten hat. Dabei muss jede Alltagsaufgabe genauso erarbeitet werden.

3. Auf dem Hundeplatz wird kurzzeitig extreme Aufmerksamkeit abgefragt. Das kann man natürlich nicht mit in den Alltag nehmen. Kein Hund und kein Mensch kann diese Konzentration dauerhaft aufrecht erhalten. Das wäre überhaupt nicht alltagstauglich. Beim normalen Spaziergang will man keinen Hund am Bein kleben haben. Das Problem: Der Hund lernt so eine »Ganz«- oder »Garnicht«-Situation. Er ist entweder »da« oder »nicht da«. Das ist wie ein An- und Ausknipsen. Wenn ich mit solch einem Hund arbeite, kann ich ihn immer sehr schnell »anknipsen«.

Kaum wendet man sich dem Hund intensiv zu, fordert etwas, ist hoch konzentriert, reagiert der Hund so, wie er es auch auf dem Hundeplatz tut. Kaum lässt man in der eigenen Anspannung nach, ist der Hund komplett »weg«. Er hat gelernt: Wenn es nötig wird, dass ich aufpasse, wird mir das vorher ganz deutlich mitgeteilt. Den Rest der Zeit brauche ich aber nicht aufzupassen.

Der Hund kann also den ganzen Tag gemütlich machen, was er will, ohne sich groß um den Menschen zu kümmern. Den Job, darauf zu achten, wann Aufmerksamkeit gebraucht wird, hat der Mensch übernommen.

Wenn man nun nicht ständig im Arbeitsmodus durch die Welt laufen möchte, muss man dem Hund zeigen, dass es Stufen gibt. Kein An und Aus, sondern immer so viel, wie es die Situation gerade erfordert. Das ist für den Hund viel schwieriger! Denn jetzt muss er immer ein halbes Auge beim Menschen haben. Es ist sein Job, mitzubekommen, was der Mensch gerade tut. Eine ständige Grundaufmerksamkeit ist eine viel größere Leistung als für fünf Minuten voll da zu sein und den Rest der Zeit gar nicht. Wirkliche, in der Beziehung verankerte Aufmerksamkeit kann man nur graduell aufbauen. Erarbeiten Sie den Blickkontakt und die Aufmerksamkeit Schritt für Schritt im Alltag. Das wird den Übungen auf dem Hundeplatz nicht schaden! Aber messen Sie Ihren Übungserfolg am Alltag, nicht (nur) an bestandenen Prüfungen.

Viel wichtiger als kurzzeitige, extreme Aufmerksamkeit ist mir, dass der Hund ständig im Blick hat, was ich tue. Aber dabei darf und soll er auch noch auf seinen eigenen Weg achten. Es reicht, wenn er mich aus den Augenwinkeln im Blick hat und auf mich reagiert. Das Ganze gilt aber auch umgekehrt: Nehmen auch Sie die kleinen Signale Ihres Hundes wahr und beantworten Sie sie mit einem Lächeln. Achten Sie genau darauf, ob der Hund im Alltag aufmerksamer wird. Arbeiten Sie aktiv daran und werden Sie auch selbst aufmerksamer und aktiver! Immer nur die gleiche Runde im immer gleichen Tempo, das ist langweilig. Beschäftigen Sie sich im Alltag ganz gezielt mit dem Hund.

Check: Handfütterung

✔ Frisst Ihnen Ihr Hund ruhig und entspannt aus der Hand?

✔ Ist Ihr Hund distanziert? Können Sie ihn näher zu sich einladen?

✔ Ist Ihr Hund distanzlos und stürmisch? Können Sie ihn sachte wegschieben, ohne unwirsch zu sein?

✔ Ist Ihr Hund nervös und unruhig? Können Sie mehr Ruhe ausstrahlen?

✔ Ist der Hund zurückgezogen, gelangweilt? Können Sie ihn »wach machen«?

✔ Interessiert sich Ihr Hund nur fürs Futter oder beginnt er, sich für Sie zu interessieren?

✔ Reagiert Ihr Hund zuverlässig auf seinen Namen?

✔ Nimmt er Blickkontakt zu Ihnen auf?

✔ Beobachten Sie Ihren Hund im Alltag. Wie oft dreht er sich nach Ihnen um, wie oft schaut er Sie an? Wie fühlt sich das an? Wie verändert es sich mit der Zeit?

✔ Wo wird Ihr Hund gerne angefasst, wo nicht?

✔ Können Sie zuverlässig erkennen, wann Ihr Hund – innerlich wie äußerlich – den Rückzug antritt?

✔ Können Sie die Aufmerksamkeit Ihres Hundes auch unter Ablenkung auf sich ziehen und behalten?

✔ Müssen Sie Ihren Hund immer aktiv auffordern, auf Sie zu achten, oder wird seine Aufmerksamkeit immer selbstverständlicher?

Belohnen mit Futter – positive Verstärkung

Vor allem, wenn es darum geht, neue Kunststückchen einzuüben, ist Futterlob unschlagbar. Ich setze selbst gerne Futter und den Clicker ein, wenn ich z.B. Tricks einstudieren möchte. Sobald der Clicker zum Vorschein kommt, sind meine Hunde mit Feuereifer bei der Sache. Siska vor allem, weil die Aussicht auf Futter besteht. Bei Falk ist es noch mehr die Neugier darauf, etwas Neues zu lernen. Es macht ihm einfach Spaß. Eigentlich könnte man doch alles auf diese Art erarbeiten? Könnte man, wenn alles ein Trick wäre. Solange es darum geht, dass der Hund etwas Neues, z.B. ein neues Kommando lernen soll, ist Konditionierung mit Futter sinnvoll und effektiv. Andere Dinge, wie zum Beispiel die Leinenführigkeit, erarbeite ich lieber anders. Aber dazu später.

NEUES LERNEN UND ERKLÄREN

Wenn Sie Neues einüben, geht es erst mal darum, zu erklären, was der Hund machen soll. Möglichst in kleinen Schritten aufgelöst, lernt der Hund, was diese neue Aufgabe eigentlich ist. Die Belohnung sagt ihm jedes Mal: Richtig gemacht! Futter bestätigt und motiviert ihn, es richtig machen zu wollen. Für den Menschen ist diese Art, mit Futter zu arbeiten, einfach zu verstehen. Deshalb arbeiten die meisten Hundebesitzer gerne und viel mit Leckerli. Es erscheint so logisch und natürlich. Aber ist es das auch? Ebenso wenig, wie sich Wolfseltern mit dem Nachwuchs um ihr Futter streiten, belohnen sie die jungen Wölfe mit Futter. Futter wird gemeinsam durch die Jagd beschafft, aber es wird nicht künstlich verknappt. Auch die Mitglieder des Familienverbandes, die nicht mitgejagt haben, werden gefüttert. Der Anteil, den jeder bekommt, wird nicht danach bemessen, wer am meisten zum Jagderfolg beigetragen hat. Belohnung mit Futter ist also nicht so natürlich, wie es im ersten Moment scheint. Das direkte Belohnen einer Handlung – Tu das, dann bekommst du das! – ist tatsächlich etwas sehr Abstraktes. Das heißt nicht, dass ein Hund kein abstraktes Belohnungssystem erlernen kann. Es heißt einfach, dass es immer etwas Abstraktes bleibt.

Es ist nichts dagegen einzuwenden, sich ein solches Belohnungssystem zunutze zu machen. Ob natürlich oder nicht: Eine erwünschte Handlung positiv zu verstärken funktioniert hervorragend und schadet nicht, solange Sie es richtig machen. Beim Arbeiten mit Futterlob müssen Sie sehr genau auf folgende Dinge achten:

1. **Was ist die Aufgabe?**
2. **Kleine Schritte**
3. **Den Versuch erkennen**
4. **Gezielt Loben**
5. **Nicht strafen!**
6. **Exakte Kommandos geben**
7. **Timing**
8. **Futter muss verdient werden!**

1. Was ist die Aufgabe? Definieren Sie ganz genau, was Sie üben wollen. Eine Aufgabe muss immer eine aktive Handlung sein: Sie können nur positiv bestärken, was der Hund tut, nicht was er gerade nicht tut! Auch wenn Sie gerne bestärken möchten, dass Ihr Hund gerade nicht an der Leine abgeht wie eine Rakete, wenn er einen anderen Hund sieht: Das geht nicht. Sie bestärken immer nur das, was der Hund in dem Moment getan hat, bevor er seine Belohnung bekommen hat. Und das ist in diesem Fall wahrscheinlich das Fixieren des anderen Hundes. Also Vorsicht: Keine negativ formulierten Aufgaben (wie z.B. »nicht bellen« oder »nicht ziehen«)!

2. Kleine Schritte: Jede neue Aufgabe lernt der Hund am besten und schnellsten, wenn sie in möglichst kleine Schritte aufgelöst wird. Zum Beispiel das Kommando »Sitz«. Zuerst ist schon der Blick nach oben belohnenswert, dann das Senken des Hinterteils, dann das Sitzen, dann das Sitzenbleiben. Seien Sie kreativ darin, Aufgaben in winzige Schritte zu zerlegen!

3. Den Versuch erkennen: Je öfter Sie Gelegenheit zum Loben haben, umso besser! Wenn der Hund motiviert bei der Sache ist, wird er selbst versuchen, herauszufinden, was er tun soll. Sie müssen nur noch bestätigen, wann er auf der richtigen Spur ist: wie »warm – wärmer – heiß« beim Topfschlagen. Loben Sie in der Lernphase nicht nur den Erfolg, sondern schon jeden richtigen Versuch. Versuche in der falschen Richtung werden einfach ignoriert.

4. Gezielt Loben: Punktgenau statt mit der Gießkanne! Ihr Lob ist für den Hund eine wichtige Information. Lassen Sie die Information nicht in einem Wortschwall untergehen. Loben Sie auch nicht wahllos und ziellos. Mag sein, dass er gerade besonders lieb schaut, aber Sie üben gerade das Kommando »Sitz«. Sie müssen wissen, was Sie wollen, um ganz exakt loben zu können. Denken Sie also nicht »braver Hund«, denken Sie »richtig gemacht!«, wenn Sie loben.

5. Nicht strafen! Der Hund kann neue Abläufe nur durch Verstärkung der richtigen Versuche lernen, nicht dadurch, dass er für Fehlversuche bestraft wird. Schon das Heben der Stimme wird der Hund als Strafe interpretieren. Es verunsichert und macht die positive Lernatmosphäre kaputt. Wenn Ihr Hund ein Kommando noch nicht kennt (also wirklich kennt und verstanden hat!), kann er es auch nicht befolgen. Bleiben Sie geduldig. Wenn etwas nicht klappt, dann müssen Sie die Aufgabe noch kleinschrittiger auflösen bzw. einen Lernschritt zurückgehen.

6. Exakte Kommandos geben: Man hört häufig »Der Hund kann schon Sitz!« oder »Platz kann er noch nicht!«. Selbstverständlich kann der Hund sowohl sitzen als auch liegen, das muss er nicht lernen. Was er lernen muss, ist, das auf Ihr Kommando zu tun. Das klappt natürlich nur, wenn Ihre Kommandos glasklar, gut zu unterscheiden und immer gleich sind.

7. Timing: Timing ist absolut entscheidend! Sie haben nur drei Sekunden Zeit, das richtige Verhalten zu bestärken. Das reicht nicht, um die Belohnung erst noch aus der Hosentasche zu kramen. Nur, wenn die Belohnung punktgenau kommt, kann der Hund Ihre Information »Richtig gemacht!« korrekt zuordnen und daraus lernen.

8. Futter muss verdient werden! Wenn Sie wahllos Leckerchen reichen, verliert gezieltes Futterlob seine Wirkung. Setzen Sie dann Futter ein, wenn der Hund etwas lernen soll. Er muss sich die Belohnung verdienen. Die Initiative muss dabei bei Ihnen liegen! Auch, wenn der Hund noch so eifrig sein erlerntes Repertoire abspult, in der Hoffnung, irgendwann belohnt zu werden. Wenn Sie darauf eingehen, erziehen Sie sich einen bettelnden Hund. Geben Sie ihm erst das entsprechende Kommando und loben dann. Ebenso wenig sinnvoll ist es, mit einem pappsatten Hund über Futter arbeiten zu wollen. Richten Sie Ihre Fütterungsgewohnheiten danach.

MEHR ALS KONDITIONIERUNG

Wenn Sie Futter auf diese Art einsetzen, bildet Ihr Hund Verknüpfungen zwischen bestimmten Reizen und bestimmten Reaktionen. Er lernt: Auf dieses Kommando muss diese Reaktion folgen, dann wird er belohnt. Das ist (in aller Kürze, es gibt reichlich ausführliche Literatur dazu) Konditionierung mittels positiver Verstärkung. Wenn Sie das richtig machen, funktioniert es schnell und zuverlässig. Es reicht mir aber nicht.

Futterlob setze ich über die reine Konditionierung hinaus so ein, dass es die Beziehung stärkt. Futter ist eine Möglichkeit, einen Zugang zu finden, Bindung aufzubauen, zu motivieren.
Das beginnt mit der Handfütterung. Die Beziehung, die Sie durch den überlegten Einsatz der Handfütterung auf ein starkes Fundament gestellt haben, können Sie jetzt noch viel weiter ausbauen. Das bedeutet: Futter darf von Anfang an nichts sein, was ebenso vom Futterautomaten kommen könnte. Futter muss ganz direkt vom Menschen kommen. Auch dann, wenn ich es zur Konditionierung einsetze.

Jedes Futterlob soll immer auch eine Kontaktaufnahme sein. Das Futter kommt direkt von mir. Beim Loben mit Futter achten Sie darauf, dass der Hund nahe zu Ihnen kommt. Füttern Sie nicht mit weit ausgestrecktem Arm, sondern immer ganz nah bei Ihnen.

🐾 **Der Hund soll Blickkontakt aufnehmen und Ihre Nähe suchen. Werfen Sie also ein Leckerli nicht einfach nur hin und geben Sie es dem Hund auch nicht irgendwie nebenbei.**

Was ist der Unterschied? Wenn Sie Futter nur als Verstärker einsetzen – ich tue dies und bekomme dafür das – ist die Wirkung auf die Beziehung schwach. Konditionierung durch Futter funktioniert theoretisch sogar gänzlich ohne eine Beziehung zwischen zwei Lebewesen: Sie könnten den Hund auch auf einen Knopf drücken lassen, um dafür ein Leckerli aus dem Automaten zu bekommen: Auch das ist positive Verstärkung.

Loben mit Futter: falsch (weit entfernt vom Menschen) und richtig (nah bei mir).

In der Realität haben natürlich auch Hunde, die mit sehr viel Futterlob erzogen werden, eine Beziehung zu ihren Menschen. Ich will überhaupt nicht behaupten, alle »Leckerli-Hunde« würden sich wie Laborratten verhalten oder der Mensch sei nicht mehr als ein Futterautomat. Die Wahrheit liegt irgendwo dazwischen. Futter als Lob einzusetzen, ist immer Konditionierung, und Konditionierung ist nicht an sich schlecht. Aber es stärkt die Beziehung, wenn Sie die wichtigen Elemente der Handfütterung in die Arbeit über positive Verstärkung integrieren. Wenn Sie selbst von Ihrem Hund ganz klar mit dem Futter in Verbindung gebracht werden, sieht die Verknüpfung so aus: Ich tue etwas und bekomme von meinem Menschen dafür eine Belohnung. So spielt Ihre Beziehung zum Hund eine größere Rolle in dieser Interaktion.

Ich möchte, dass Sie in jede Belohnung soviel von sich selbst legen, wie möglich. Jede Interaktion mit dem Hund kann und soll die Beziehung verstärken. Es geht nicht darum, wie

Von der Kinnspitze – zur Hundeschnauze. Handfütterung ist immer auch Kontaktaufnahme.

zackig der Hund Sitz macht. Sondern es geht darum, wie bereitwillig er auf den Menschen reagiert, wie aufmerksam er ist, wie stark er innerlich bei der Sache ist. Es geht nicht um die äußere Form, die können Sie ankonditionieren. Aber das Wesen der Beziehung ist nicht konditionierbar. Es ist falsch zu glauben, dass Futterlob der Beziehung automatisch schadet. Das ist oft das Argument von »Leckerli-Gegnern«: Der Hund tut es ja nur fürs Futter! Das kann, muss aber nicht stimmen. Futter schadet der Beziehung nicht, es stärkt sie sogar. Aber eben nur, wenn Sie es richtig machen.

FUTTER ABTRAINIEREN

Wenn Ihr Hund sich auf die Beziehung zu Ihnen einlässt, ersetzen mit der Zeit die Bestätigung durch ein lobendes Wort und ein Lächeln immer mehr die Belohnung.
Gehen Sie ganz bewusst mit Futter um. Konditionierung hilft, Neues zu lernen. Wenn die Lernphase hinter Ihnen liegt, die neue Aufgabe verstanden ist, sollten Sie das Futterlob für diese Aufgabe schrittweise reduzieren. Belohnen Sie nicht mehr jede Ausführung eines

Kommandos. Wenn die Grunderziehung sitzt, müssen Sie im Alltag nur noch selten mit Futter loben. Schleichen Sie das Futterlob aber nur langsam aus und lassen Sie es auch nicht ganz weg! So bleibt der Hund motiviert. Schwierige Aufgaben, guter Gehorsam unter Ablenkung und vor allem den Abruf sollten Sie weiterhin häufig belohnen.

Man darf nie den Fehler machen, zu glauben, dass einmal Gelerntes nun für immer »gespeichert« bleibt. Der Hund ist kein Computer, der programmiert wird. Sie müssen genau hinschauen und immer wieder nacharbeiten. Das Nachlassen liegt ebenso sehr am Menschen wie am Hund. Sind Sie selbst ungenauer, gleichgültiger oder inkonsequenter geworden? Beobachten Sie Ihr eigenes Verhalten ebenso genau, wie das des Hundes. Wenn Aufgaben nicht mehr so gut klappen, dann belohnen Sie dafür wieder öfter. Auch die Bindungsarbeit mit Futter über die Handfütterung sollten Sie immer wieder mal auffrischen – es lohnt sich.

DER ABRUF

Der Abruf ist das beste Beispiel dafür, wie die Konditionierung durch Futter und die Bindungsarbeit sich gegenseitig ergänzen und verstärken. Der Abruf ist viel mehr als ein »Trick«. Er sagt sehr viel über Ihre Beziehung aus. Den Abruf brauchen Sie, wenn der Hund nicht in Ihrem unmittelbaren Einflussbereich ist. Es gibt keine Möglichkeit zu mogeln, es gibt nur einen Hund, der reagiert – oder eben nicht. Was viele Hundebesitzer verzweifeln lässt: Das Kommando scheint der Hund verstanden zu haben, ohne Ablenkung kommt er auf Zuruf, aber unter schwierigen Bedingungen klappt es trotzdem nicht. Das ist ein Zeichen, dass die Bindung nicht stark genug ist und Sie daran arbeiten müssen.

Das Kommen des Hundes lässt sich natürlich ganz klar konditionieren. Wenn der Hund kommt, wird er belohnt. Das ist völlig einleuchtend. Man kann den Abruf gar nicht oft genug positiv verstärken!

> 🐾 **Es lohnt sich, den Hund intensiv auf ein Signal fürs Kommen zu konditionieren. Ich benutze eine Hundepfeife. Setzen Sie sich einfach über mehrere Tage neben Ihren Hund, wenn er seine Hauptmahlzeit frisst, und pfeifen Sie. Anfangs gar nicht als Signal zum Kommen – einfach nur, damit der Hund das Pfeifen mit dem Fressen verbindet. Später bekommt er dann jedes Mal, wenn die Pfeife ertönt, eine Belohnung. Anders als ein verbales Kommando ist der Pfeifton einzigartig und unverkennbar. Machen Sie die Verknüpfung »Pfeife, es gibt Futter« so stark wie möglich. Frischen Sie sie immer wieder auf!**

Aber auch hier gilt wieder: Das allein reicht noch lange nicht. Damit der Rückruf zuverlässig klappt, muss der Hund auch wirklich gern beim Menschen sein wollen. Ihre Vorarbeit ist entscheidend! Wenn er die Nähe des Menschen nicht völlig akzeptiert, sich dort nicht sicher und wohl fühlt, steht dieses Widerstreben immer im Widerspruch dazu, was er gelernt und verstanden hat: dass er auf das Kommando »Komm!« oder »Hier!« oder auf Pfiff kommen soll.

Die meisten Hunde reagieren irgendwann und irgendwie auf den Rückruf. Sehr häufig kommt der Hund in die Nähe, vergewissert sich, dass Herrchen noch da ist – und zischt wieder ab. Oder er kommt, schnappt sich das Leckerli – und zischt wieder ab. Und wenn es etwas Interessanteres gibt als einen Keks, dann kommt er eben gar nicht. Das passiert, wenn Sie den Hund nicht wirklich zu sich rufen können. Er soll nicht auf Armeslänge entfernt stehen bleiben. Er soll dicht zu Ihnen kommen, Blickkontakt aufnehmen, sich Ihnen zuwenden und ruhig werden. Der Hund muss sich in Ihrer Nähe wohl und sicher fühlen und gerne dort bleiben. Das muss Ihr Ziel sein. Solange Ihr Hund nur widerwillig kommt oder immer auf Abstand bleibt, ist der Abruf nicht verlässlich.

Der Hund wird nur zuverlässig kommen, wenn er wegen Ihnen zu Ihnen kommt. Nicht nur aufgrund des Futters – das ist nur der Anfang.

Um Nähe aufzubauen, lässt Kim Lara ganz dicht bei ihr das Leckerli langsam aus der Hand knabbern.

WIE MAN DEM HUND BEIBRINGT, NICHT ZU KOMMEN

Manchmal hilft es, eine Sache auf den Kopf zu stellen, um Fehler zu erkennen. Was müssten Sie tun, damit Ihr Hund lernt, nicht zu Ihnen zu kommen?

1. Rufen, Kommen, Anleinen – Schluss mit lustig!
Wenn man den Hund immer nur abruft, um ihn dann sofort vom momentanen Objekt seiner Begierde wegzuzerren, wird er sehr schnell lernen, dass es besser ist, nicht zu kommen. Oder zumindest nicht zu nah.

➜ **Üben Sie den Abruf also von Anfang an lieber häufiger,** statt den Hund nur zurückzurufen, weil Sie ihn wieder an die Leine nehmen wollen. Zeigen Sie dem Hund, dass es sich immer lohnt, zu Ihnen zu kommen. Weil es einfach angenehm ist, bei Ihnen zu sein. Entlassen Sie den Hund dann auch bald wieder zum Spielen oder Herumschnüffeln.

2. Sinnlos hinter dem Hund herbrüllen
»Bello, jetzt aber! Hörst du wohl! Na, komm schon! Komm her!« Der Hund ignoriert Sie vollkommen, während Sie die ganze Zeit hinter ihm herrufen. Prima Spiel!

➜ **Achten Sie darauf, das Kommando oder Signal ganz gezielt zu geben.** Sie brauchen erst einmal die Aufmerksamkeit Ihres Hundes. Die bekommen Sie nicht durch Zetern. Bleiben Sie ruhig. Ihr Hund wird sich irgendwann zu Ihnen umdrehen, um zu sehen, wo Sie geblieben sind. In diesem Moment rufen Sie ihn klar und deutlich mit dem erlernten Kommando. Das heißt natürlich, dass Sie eine Grundaufmerksamkeit brauchen, bevor Sie Ihren Hund frei laufen lassen können. Üben Sie erst in einem eingezäunten Gelände und an der Schleppleine, bevor Sie den Hund frei laufen lassen.

Auch wenn es gerade am schönsten ist, muss sich der Hund abrufen lassen. Wir üben das schon in der Welpenstunde. Nach einem großen Lob darf Nigel aber gleich weiterspielen. Noch besser wird es, wenn Svenja in die Hocke geht, wenn sie Nigel ruft.

Nicht so (Bild links), sondern so (Bild rechts) soll es aussehen, wenn Ihr Hund zu Ihnen kommt.

2. Sich ärgern, wenn der Hund nicht gleich kommt

Jeder weiß, dass es sinnlos ist, einen Hund dafür zu bestrafen, dass er nicht sofort gekommen ist. Daraus kann der Hund nichts lernen. Völlig logisch. Aber was passiert tatsächlich? Beim fünften Rufen klingt die Stimme schon angestrengt, Sie werden langsam sauer, endlich dreht sich der Hund um – jetzt aber richtig deutlich werden! »Komm schon!« Der Hund schleicht sich unbehaglich näher – jetzt schnell zugepackt, Leine dran und schlecht gelaunt weitermarschiert. Das Ganze wird dann auch noch gerne so interpretiert: Der Hund hatte ein »schlechtes Gewissen« und kam deshalb so angeschlichen. In Wahrheit ist der Hund einfach verunsichert und traut sich nicht mehr so recht in Ihre Nähe. Das ist ein großer Vertrauensverlust und kostet Sie wieder ein Stückchen Bindung. Beim nächsten Mal kommt der Hund noch unwilliger.

➔ **Auch, wenn sich der Hund Zeit lässt: Zeigen Sie Freude über sein Kommen.** Denn auch der Hund soll freudig und voller Vertrauen zu Ihnen kommen.

3. Hinterher laufen

Ach so, denkt der Hund, der Befehl »Komm her!« bedeutet: Achtung, wir spielen Fangen! Oder: Warte auf mich, ich komme schon! Das lernt Ihr Hund ganz schnell.

➔ **Laufen Sie nicht hinter dem Hund her.** Auch nicht nur ein paar Schritte. Auch nicht nur einen einzigen Schritt! Sondern tun Sie genau das Gegenteil. Gehen Sie in die andere Richtung. **Eine gute Übung:** Wenn der Hund auf Sie

Rückwärtsgehen lädt den Hund
ein, zu Ihnen zu kommen.

zukommt, bewegen Sie sich rückwärts von ihm weg. Jetzt muss der Hund aktiv zu Ihnen kommen. Das macht Sie für den Hund interessanter und stärkt die Bindung. Jedes Mal, wenn der Hund einen Schritt in Ihre Richtung macht, hat er sich wieder ein kleines Bisschen mehr auf Sie eingelassen.

4. Aufhören, zu loben

Achtung: Der Abruf ist nichts, was der Hund irgendwann eben einfach kann. Selbst wenn er den Befehl noch so gut kennt, seine Motivation, zu Ihnen zu kommen, kann auch wieder schwinden.

→ **Halten Sie das Kommen nie für selbstverständlich!** Bestärken Sie den Abruf immer wieder durch Lob, eine Belohnung, ein lebhaftes Spiel und vor allem ehrliche Freude. Passen Sie auf, dass Sie die Regeln nicht nur befolgen, wenn Sie sich gerade explizit vorgenommen haben, den Abruf zu üben. Sondern achten Sie immer darauf, in jeder Alltagssituation. Nutzen Sie alle möglichen Gelegenheiten, den Hund zu sich zu rufen, auch, wenn es nur um ein paar Meter geht. Lassen Sie ihn immer kommen, gehen Sie nicht hinterher. Auch nicht, wenn es jetzt eben schnell gehen muss. Loben und belohnen Sie ihn und zeigen Sie echte Freude, wenn er kommt.

Wieder kann man an Ronida erkennen, wie viel es eigentlich bedeutet, dass der Hund zum Menschen kommt. Ronida reagiert noch kaum auf ihren Namen und kommt auch nicht auf Zuruf. An Futterlob ist sie nicht interessiert. Sie hat aber alles beobachtet und kennt einzelne Situationen und Abläufe genau. Sie hat z.B. gelernt, was die Leine bedeutet, und kommt mit zur Tür. Aber es fällt ihr noch extrem schwer, auf Petra zuzugehen.

Petra hat Ronida daher auch noch nicht von der Leine gelassen. Auf dem großen Grundstück von Freunden darf Ronida aber frei laufen, mit den Hunden dort versteht sie sich gut und spielt gern.

Dort passierte es zum ersten Mal, dass Ronida Petra einfach gefolgt ist. Petra hat sie nicht »eingesammelt«, sondern ging einfach zur Tür. Ronida sah das und kam hinterher. Das war tatsächlich ein großer Schritt: Der Hund wollte von sich aus zu Petra kommen und ihr folgen. Es zeugt von Petras Verständnis für ihren Hund, dass sie das auch als großen Erfolg erkannte. Gerade, wenn man einen traumatisierten Hund aufnimmt, ist es wichtig, die kleinen, aber entscheidenden Fortschritte auch wirklich wahrzunehmen.

NICHT NUR FUTTER IST POSITIVE VERSTÄRKUNG

Futter ist ein sehr guter Verstärker, vor allem wenn Sie einen Hund haben, der verfressen ist. Es ist aber nicht die einzige Möglichkeit, positiv zu verstärken. Nutzen Sie auch andere Verstärker. Zum Beispiel eine kurze Spieleinheit oder natürlich ein Lob mit der Stimme.

Ganz wichtige Motivatoren sind ehrliche Freude und Begeisterung! Gehen Sie richtig aus sich heraus und kümmern Sie sich nicht darum, ob andere Sie für albern halten. Feiern Sie Ihren Hund! Am Anfang, wenn die Bindung noch schwach ist, müssen Sie Ihren Hund häufig und intensiv loben. Sie müssen ihn belohnen und ihm vor allem auch zeigen, wie sehr Sie bereit sind, sich emotional auf ihn einzulassen.

Das wird mit der Zeit natürlich subtiler. Je enger Ihre Beziehung wird, umso empfänglicher wird der Hund einfach nur für einen anerkennenden Blick und ein freundliches Lächeln, wenn er Ihre Mimik durch die Handfütterung zu lesen gelernt hat. Aber auch und gerade der gut erzogene und aufmerksame Hund braucht hin und wieder eine dicke Belohnung und das Gefühl, seine Sache richtig toll gemacht zu haben.

Der größte Verstärker von allen ist aber, Ihrem Hund das Gefühl von Sicherheit zu geben. Das kann man natürlich nicht in der Hosentasche herumtragen und punktgenau verabreichen. Wenn ein Hund Angst oder Aggressionen zeigt, kommen Sie mit reiner Konditionierung nicht weiter. Futter können Sie ja überhaupt erst dann einsetzen, wenn der Hund Ihnen grundsätzlich genug vertraut, um Futter anzu-nehmen und seine Sicherheit in Ihre Hände zu legen. Angst ist ein viel stärkeres Gefühl als Appetit auf ein Bröckchen Futter – und auch stärker als richtiger Hunger, den unsere Hunde meist ja sowieso nicht kennen.

Sicherheit ist deshalb eine weitaus wichtigere Ressource als Futter! Denn während ein Hund sich sehr wohl dafür entscheiden kann, Futter links liegen zu lassen, kann er sich nicht entscheiden, seine Sicherheit zu missachten.

Wenn es also um das wertvollste überhaupt geht, das Gefühl der Gemeinsamkeit, Vertrautheit und Geborgenheit, in einem Wort Sicherheit, sind wir mit reiner Konditionierung über Futter am Ende angelangt: Dieses Gefühl kann man nicht antrainieren und konditionieren.

Es gibt eben Dinge, die keine Tricks sind. Sondern die etwas mit einer Beziehung zwischen zwei Lebewesen zu tun haben. Ich möchte einen Hund, der sich im Alltag ganz selbstverständlich an mir und an meinem Verhalten orientiert und mir vertrauensvoll folgt. Ich kann – und möchte – nicht jede Alltagssituation exakt einüben, wie einen Trick.

Für manche Hunde ist Futter ungeheuer wichtig, für andere weniger. Wenn Ihr Hund alles tut für ein Leckerli, dann müssen Sie dafür sorgen, dass er alles tut für ein Leckerli von Ihnen.

Wenn Sie Futterlob so betrachten, muss man sich nicht mehr zur Leckerli oder Anti-Leckerli-Fraktion gesellen. Fragen Sie sich immer: Hat das Futter, so wie ich es eben eingesetzt habe, meine Beziehung zum Hund intensiver gemacht? Die Bindung gestärkt – oder nicht? Das ist das Kriterium.

Check: Positive Verstärkung

✔ Durch die Handfütterung sollte es Ihnen gelungen sein, die Aufmerksamkeit des Hundes auf sich zu lenken. Bleibt das auch so, wenn Sie gezielt Futterlob einsetzen?

✔ Sind Sie ein guter Lehrer? Wie gut ist Ihr Timing? Wie gut erklären Sie Ihrem Hund seine Aufgaben?

✔ Bleiben Sie immer ruhig und souverän, auch wenn etwas nicht auf Anhieb klappt?

✔ Können Sie wirklich aus sich herausgehen, dem Hund Ihre Freude zeigen, wenn er etwas richtig macht?

✔ Üben Sie den Abruf wirklich häufig genug, auch in ganz normalen Alltagssituationen?

✔ Kommt Ihr Hund freudig zu Ihnen, voller gespannter Erwartung, was es jetzt wieder Tolles zu erleben gibt?

Eine lebhafte Ausstrahlung, Freude und Begeisterung sind das größte Lob für Ihren Hund.

ES GIBT EINE MENGE ERZIEHUNGSANWEI-SUNGEN, DIE ABSTRAKT UND MECHANISCH ERSCHEINEN. Es kommt zum Beispiel vielen Hundebesitzern sinnlos vor, den Bewegungsspielraum des Hundes (scheinbar) willkürlich einzuschränken oder darauf zu beharren, dass ihr Hund an einer ganz bestimmten Stelle liegen soll – ist das nicht unnötige Schikane?

Einen Sinn ergibt das Ganze, wenn man den gemeinsam bewohnten sozialen Raum als Ressource begreift. Wieder ist die oft gestellte Frage, wie »natürlich« dieses Werkzeug ist – im Wolfsrudel gibt es schließlich keine Hundekörbe. Und Wölfe leben auch nicht in Wohnungen. Der Mechanismus hinter der Erziehung ist aber sehr wohl in gewisser Weise natürlich, nämlich angelehnt an einen sozialen Mechanismus, den es auch im Sozialverband wild lebender Wölfe gibt. Die Frage, welcher Angehörige des Rudels sich gerade wo aufhält, ist ja durchaus der Kontrolle durch die Rudelführer unterworfen. Zum Beispiel müssen Jungtiere zurückbleiben, wenn die erwachsenen Tiere jagen gehen. Und das gesamte Rudel muss sich koordiniert fortbewegen können. Ohne, dass einer aus der Reihe tanzt. Der soziale Raum des Rudels ist organisiert.

Natürlich nicht jeder einzelne Schritt und zu jeder Zeit. Das ist auch nicht das Ziel in der Hundeerziehung. Um sich den sozialen Mechanismus der Kontrolle über den sozialen Raum zunutze zu machen, muss man den Hund nicht dazu verdonnern, fortan immer und ausschließlich auf seinem Platz zu liegen und keine Pfote ohne Erlaubnis zu rühren. Es geht einfach nur darum, grundsätzliche Regeln aufzustellen und durchzusetzen. Was bewirkt dieses Erziehungswerkzeug für die Beziehung? Der gemeinsame soziale Raum ist organisiert und unterliegt Regeln. Das bedeutet für den Hund: Er lebt nicht zufällig in dieser Wohnung, sondern er gehört zu einem sozialen Verband. Und dieser soziale Verband hat einen Anführer. Bei diesem Anführer liegt die Verantwortung und er ist damit auch für die Sicherheit zuständig. Wer den sozialen Raum kontrolliert, dem wird der Hund folgen.

Das ist keine Schikane. Es bedeutet Sicherheit für den Hund und stärkt die Bindung.

Was es in der Natur nicht gibt, ist eine »stille Treppe«, eine Auszeit im Korb, vor der Tür oder irgendwo angebunden zur Strafe für unerwünschtes Verhalten. Den Hund in den Korb zu schicken, hat nichts mit Strafe zu tun!

Check: Der soziale Raum

✔ Wie viele Ruheplätze hat Ihr Hund?

✔ Wie viele Kissen, Deckchen, Lieblingsplätze?

✔ Liegt er manchmal im Weg oder an Orten, wo Sie ihn lieber nicht haben wollen?

✔ Bewacht Ihr Hund die Wohnung oder den Garten?

✔ Wo und wie oft schläft er tief und fest, auch am Tag?

✔ Kann sich Ihr Hund komplett entspannen?

Korbtraining

Ein gründliches, konsequentes Korbtraining gehört für mich absolut zur Hundeerziehung dazu. Als Werkzeug ist das Korbtraining einfach zu begreifen und unkompliziert umzusetzen.

Die Übung, den Hund auf seinen Platz zu schicken, ist ein grundlegender Schritt der Hundeerziehung. Wenn Sie an diesem Schritt scheitern, werden Sie an vielen weiteren Schritten auch scheitern. Es lohnt sich also, ein paar Tage auf diese Übung zu verwenden. Das Gute ist: So gut wie immer geht es viel leichter als erwartet – wenn Sie konsequent sind. Überprüfen und verändern Sie gegebenenfalls zuerst den Platz Ihres Hundes. Geht Ihr Hund gern in seinen Korb? Wenn nicht, achten Sie auf folgende Punkte:

1. Ein fester Platz, evtl. ein zweiter als Schlafplatz für die Nacht – mehr nicht!
2. Ist der Platz geschützt, an einer ruhigen Stelle, zwar in der Nähe der Menschen, aber ohne ständige Störung?
3. Der Platz sollte sich nicht an einem unruhigen Ort befinden. Nicht direkt neben der Haustür, nicht mitten im Wohnzimmer oder im Flur.
4. Ist der Korb bequem, groß genug, um sich auszustrecken, weich gepolstert, zugluftgeschützt? Steht er sicher und wackelt nicht?
5. Hat er ein klares »Innen« und »Außen«? Ein Korb mit Rand oder eine Transportbox sind besser geeignet als ein flaches Kissen oder eine Decke.
6. Fühlt sich Ihr Hund ausreichend geschützt? Besonders unruhige, nervöse Hunde finden in einer Box – also einer Höhle – besser zur Ruhe. Die Box soll aber nicht geschlossen werden!
7. Auf dem Platz sollte sich kein Spielzeug o. Ä. befinden.

8. Wenn Sie mehrere Hunde haben, sollte jeder Hund seinen eigenen Platz haben. Trennen Sie die Plätze räumlich voneinander! Es ist völlig in Ordnung, wenn beide Hunde auch mal zusammen liegen, aber der Befehl, in den Korb zu gehen, bezieht sich für jeden Hund auf seinen eigenen Platz.
9. Sein Korb ist für den Hund ein Ort der Ruhe und Sicherheit. Er soll dort entspannen und ungestört bleiben, auch durch Kinder oder Besucher.
10. Haben Sie den Platz bisher als Strafe benutzt? Den Hund – evtl. mit einem scharfen Tonfall – auf den Platz geschickt, wenn er etwas falsch gemacht hat? Sehen Sie in Zukunft davon ab.

Wenn die Rahmenbedingungen stimmen, können Sie mit dem eigentlichen Korbtraining beginnen.

1. MACHEN SIE DEN KORB ATTRAKTIV!

Servieren Sie Ihrem Hund über mehrere Wochen seine Hauptmahlzeit im Korb. Futter sorgt automatisch dafür, dass der Hund seinen Platz gut findet. Dieser Lernschritt ist keine Gehorsamsübung, machen Sie auch keine daraus! Es geht darum, den Korb zu einem wirklich angenehmen Ort für den Hund zu machen, nicht mehr und nicht weniger. Oft haben Hunde den Korb nur als »Geh mir aus den Augen«-Maßnahme kennen gelernt und halten sich verständlicherweise nicht gern dort auf. Unterschätzen Sie auch nicht die Wirkung Ihrer eigenen Einstellung. Wie haben Sie und Ihr Hund den Korb bisher innerlich bewertet? Der erste Schritt des Korbtrainings gibt Ihnen und dem Hund Gelegenheit, mögliche negative Assoziationen hinter sich zu lassen. Machen Sie generell wenig Aufhebens um die ganze Sache. Richten Sie einfach das Futter her, sagen Sie Ihrem Hund das Kommando, das

Das Sofa steht direkt im Durchgang. Hier ist Ronida zu sehr in der Bewacherposition und beobachtet Besucher misstrauisch.

Sie später benutzen möchten (z.B. »In deinen Korb«) und stellen Sie das Futter in den Korb. Binnen kürzester Zeit wird Ihr Hund vor Ihnen im Korb sein und schon warten. Aber auch, wenn er das nicht tut, stellen Sie das Futter einfach hin. Nehmen Sie eventuelle Reste nach einer gewissen Zeit wieder weg, wie bei der normalen Fütterung auch.

Um das »Mein-Korb-ist-der-beste-Ort-der-Welt«-Gefühl bei Ihrem Hund noch zu verstärken, können Sie ab und zu mal ein Leckerchen unbemerkt von Ihrem Hund im Korb verstecken. Relativ bald – bei manchen Hunden dauert das nur einen Tag! – können Sie beobachten, dass Ihr Hund seinen Korb gerne und bereitwillig aufsucht, auch von sich aus. Dann können Sie einen Schritt weitergehen im Training. Bleiben Sie aber dabei, die Hauptmahlzeit im Korb zu füttern, für drei bis vier Wochen.

Wenn Ihr Hund den Korb nur zum Fressen aufsucht und ansonsten nicht darin liegen möchte, müssen Sie an der Korbsituation etwas verändern.

🐾 Ronida war ein echter Härtefall, was die Korbsituation angeht. Die ängstliche Hündin verkroch sich am liebsten in einer Ecke im Garten. Im Haus akzeptierte sie nur den erhöhten Liegeplatz auf dem Sofa. Von dort aus hatte sie alles im Blick. Das Problem: In ihrer Bewacherposition nahm sie natürlich auch ihre Sicherheit selbst in die Hand und knurrte Besucher an, die am Sofa vorbeigehen wollten. Ein solches Verhalten kann sich sehr schnell verstärken, und das wäre absolut kontraproduktiv für die Beziehung und das Vertrauen zwischen Petra und Ronida. Weniger exponierte Plätze wollte Ronida jedoch nicht annehmen. Sie ging zum Fressen in den angebotenen Korb, blieb aber nicht darin liegen. Schließlich stellten wir kurzerhand das Sofa in die hintere Ecke des Wohnzimmers. Diesen Platz akzeptierte die Hündin. Besucher müssen jetzt nicht mehr direkt an ihr vorbei. So kann sie sich sicherer fühlen.

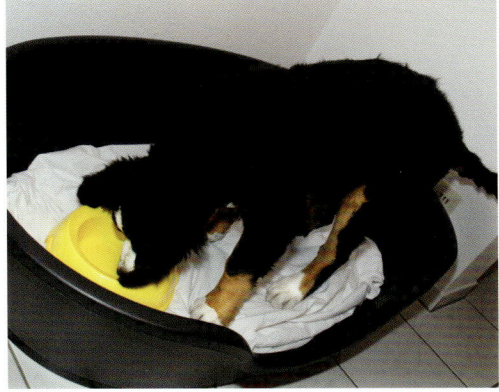

Futter macht den Korb unwiderstehlich.

In einer ruhigeren Ecke kommt der Hund besser zur Ruhe.

2. SCHICKEN SIE DEN HUND IN SEINEN KORB

Geben Sie dazu ein klares Kommando, wie Sie es ja bei der Fütterung schon nebenbei benutzt haben, und deuten Sie auf den Korb. Da Ihr Hund seinen Korb inzwischen mögen sollte, wird es nicht schwierig sein, ihn dorthin zu schicken. Wenn es nicht klappt (aber Sie sicher sind, dass der Hund den Korb akzeptiert), erklären Sie ihm die Aufgabe in ganz kleinen Schritten:

Gehen Sie mit ihm zum Korb. Wenn der Hund Ihnen nicht folgt, legen Sie zum Üben die Leine an. Geben Sie das Kommando und führen Sie den Hund an der Leine zu seinem Korb. Wenn es an der Leine klappt, gehen Sie gemeinsam mit Ihrem Hund in die Nähe des Körbchens, lassen Sie dort die Leine fallen und fordern Sie ihn auf, nun allein in den Korb zu gehen.

Vergrößern Sie den Abstand langsam. Am Anfang müssen Sie Ihren Hund vielleicht sogar physisch in den Korb befördern. Das macht nichts! Wichtig ist nur: Werden Sie nicht ungeduldig dabei, der Hund soll es ja nicht als unan-

genehm empfinden, in den Korb geschickt zu werden bzw. dort bleiben zu müssen. Bleiben Sie freundlich, aber bestimmt und vor allem konsequent! Werden Sie nicht laut, wenn der Hund immer wieder aufsteht, aber befördern Sie ihn ruhig mal mit Nachdruck in den Korb zurück. Sobald Ihr Hund im Korb liegt, wird er gelobt. Machen Sie aber kein großes Theater, das Ziel ist entspannte Ruhe und nicht ein aufgeputschter Hund. Der Hund soll im Korb bleiben, auch wenn Sie sich entfernen. Das ist der wichtigste Teil der Übung.

Entfernen Sie sich anfangs nicht zu weit, damit Sie gleich reagieren können. Setzen Sie sich in die Nähe, lesen Sie beispielsweise ein Buch und behalten Sie den Hund aus den Augenwinkeln im Blick. Schauen Sie aber nicht direkt hin, davon wird er nur unruhig werden und aufspringen.

Am Anfang reichen ein paar Minuten. Entlassen Sie den Hund dann wieder aus dem Korb. Und zwar ausdrücklich mit dem Befehl: »und ab!« oder »lauf!« (Legen Sie sich auf ein Kom-

Freundlicher Nachdruck und Konsequenz schadet auch einem Welpen nicht. Nur nicht böse werden! In den Korb geschickt zu werden, ist keine Strafe und auch nichts Schlimmes.

mando fest, das Sie generell zum Entlassen aus der Arbeit nutzen.) Danach ist es dem Hund überlassen, ob er im Korb bleibt oder nicht. Üben Sie das mehrmals täglich. Steigern Sie die Zeit langsam und üben Sie, sich immer weiter zu entfernen. Schließlich können Sie den Hund auch unter Ablenkung in den Korb schicken, wenn es klingelt oder wenn Besuch da ist. Erledigen Sie aber zuerst die Vorarbeit, bevor Sie sich an den schwierigen Teil machen. Wenn Ihr Hund Theater macht, weil Besuch kommt, ist nicht der richtige Moment, ihm etwas Neues beibringen zu wollen. Aber wenn Sie unter ruhigen Bedingungen das Korbtraining erarbeitet haben, können Sie das Gelernte immer besser auch in schwierigen Situationen abrufen.

Aber noch mal: Lassen Sie – bei aller Konsequenz – aus dem Korbtraining keine stressige Situation für den Hund entstehen. Konsequenz hat nichts mit Druck und Härte zu tun, sondern mit Hartnäckigkeit und Geduld. Beim Korbtraining geht es wie bei der Handfütterung um Ver-

Am Anfang holen Sie den Hund schon nach wenigen Minuten wieder aus dem Korb. Steigern Sie die Zeit im Korb langsam.

trauen, um das Gefühl: »Alles ist okay, ich bin in Sicherheit.« Mit Ungeduld und Lautwerden zerstören Sie dieses Gefühl.

Das ist die Technik. Die meisten Hundebesitzer sind erstaunt, wie schnell das Korbtraining funktioniert und wie viel ruhiger die Hunde werden.

Ich frage immer nach dem Schlafplatz des Hundes, wenn ich zu einem Kunden komme. In der Regel gibt es auch einen Korb oder eine Decke. Die meisten Hundebesitzer können ihren Hund in den Korb schicken – oft mit relativ großem Aufwand, aber es klappt. Und sobald sich Herrchen umdreht, steht der Hund auch schon wieder auf. Wozu die ganze Mühe gut gewesen sein soll, ist mir schleierhaft. Der Hund hat dadurch jedenfalls absolut nichts gelernt. Den Hund in den Korb zu schicken, hat nur dann einen Sinn, wenn er solange darin bleibt, bis Sie ihn wieder entlassen. Daraus folgt natürlich, dass es wenig Sinn hat, den Hund in den Korb zu schicken, wenn Sie danach das Haus verlassen. Sie können ja nicht nacharbeiten, wenn der Hund den Befehl aufhebt. Wenn Ihr Hund seinen Platz akzeptiert hat, wird er ihn auch von sich aus aufsuchen.

Viele Hunde bevorzugen Höhlen zum Schlafen. Wenn Ihr Hund sich am liebsten unter dem Sofa verkriecht, haben Sie einen solchen »Höhlenhund«. Bieten Sie ihm also statt eines Korbes lieber eine Box oder eine Kiste zum Schlafen an. Aber ohne die Tür zu schließen! Den Hund (außer zu Transportzwecken) in einer Box oder einem Kennel einzusperren, hat nichts mit Erziehung zu tun.

Und wieder mal ist es ganz wichtig, dass es nicht um die äußere Form geht! Das Ziel ist nicht, dass Sie es irgendwie schaffen, den Hund in den Korb zu bugsieren und er darin bleiben »muss«, bis Sie ihn herausholen. Natürlich sorgt das Futter dafür, dass der Hund ganz schnell im Korb ist – der erste Schritt ist eine Konditionierung durch Futter. Es ist aber wirklich nur der erste Schritt.

Es geht beim Korbtraining nicht um ein mechanisches Antrainieren: »Du bleibst jetzt im Korb, weil du dafür etwas bekommst« (und schon gar nicht: »weil du sonst Ärger bekommst!«). Es geht um viel mehr. Das Korbtraining ist kein Selbstzweck. Sondern es verändert – richtig durchgeführt – die Beziehung zwischen Ihnen und dem Hund. Sie haben etwas erreicht, wenn der Hund mit der Zeit gerne und bereitwillig in seinen Korb geht und sich dort entspannt.

Er soll wissen: Es ist okay, wenn ich den halben Tag im Korb verschlafe – mir kann nichts passieren! Denn es gibt jemanden, der aufpasst. Der Hund braucht den Korb nicht als Erziehungsmaßnahme. Der Hund braucht seinen Ruheplatz in erster Linie, um sich entspannen zu können und sich sicher zu fühlen. Aus diesem Grund hören viele Hunde durch ein konsequentes Korbtraining damit auf, wie wild zu bellen, wenn es klingelt – diese Hunde haben erkannt, dass es nicht ihr Job ist, aufzupassen. Sie sind nicht mehr allein für die Sicherheit im gemeinsamen sozialen Raum verantwortlich. Das ist eine große Erleichterung!

Das Korbtraining ist nichts weiter als die Technik, mit der Sie Ihrem Hund den Ruheplatz zeigen können. Die meisten Hunde nehmen das Angebot dankbar an. Dahin müssen Sie Schritt für Schritt kommen. Geben Sie sich nicht mit dem ersten Schritt zufrieden.

Korbtraining funktioniert meist schnell und durchschlagend. Trotzdem braucht es anfangs auch mal etwas Nachdruck und vor allem Konsequenz. Warum ist das so?

Es liegt auf der Hand: Bevor der Hund seine Sicherheit abgibt, muss er schon genau wissen, an wen. Es heißt oft: »Der Hund testet mich nur!« Das stimmt – in gewisser Weise. Er testet, ob Sie vertrauenswürdig und verantwortungsbewusst sind. Das muss er tun, und

DIE SOFAFRAGE

Hier gibt es mal wieder zwei Fraktionen – die einen, bei denen die Hunde auf keinen Fall aufs Sofa dürfen, die anderen, die es für eine unnötige Schikane halten, dem Hund das Sofa oder das Bett zu verbieten. Was ist jetzt richtig? Nichts von beidem.

Ganz klar: Hunde werden nicht aggressiv, »dominant« oder aufmüpfig, nur weil sie auf dem Sofa liegen. Aber – und das ist ein großes Aber: Wenn der Hund sich überall in der Wohnung hinlegen darf, wo er möchte, geben Sie die Kontrolle über die Ressource »sozialer Raum« ab. Ich halte es für sinnvoller, darauf zu bestehen, dass der Hund nur auf meine Einladung hin hoch darf. Wir sitzen dann gemeinsam auf dem Sofa und genießen die Nähe des anderen. Wenn Ihr Hund das Sofa ständig besetzt und auch sofort wieder hochspringt, wenn Sie ihn vorher runterbefördert haben, dann sollten Sie klarmachen, dass auch das begehrte Sofa von Ihnen kontrolliert wird, und es erst mal zurückerobern. Sobald der Hund Ihre Regeln gelernt und akzeptiert hat, kann er auch wieder hoch – wenn Sie das wollen.

er hat völlig Recht. Wenn Sie nicht konsequent und durchsetzungsbereit sind, gibt es wirklich keinen Grund, Sie zu respektieren. Selbstverständlich wird also nicht jeder Hund Ihnen ohne weiteres die Verantwortung für seine Sicherheit übertragen. Manche Hunde akzeptieren ihren Korb sofort, andere brauchen länger. Mit »Dominanz« hat das nichts zu tun. Der Hund muss nur wissen, dass Sie verlässlich sind und manche Hunde sind schneller bereit zu vertrauen als andere.

Wenn Sie dem Hund gegenüber klargestellt haben, wo sein Ruheplatz ist, können Sie ihm natürlich erlauben, zu Ihnen aufs Sofa oder, wenn Sie das wollen, auch ins Bett zu kommen. Aber gönnen Sie Ihrem Hund einen eigenen Schlafplatz.

Tabuzonen

Hand in Hand mit dem Korbtraining sollten Sie auch in der übrigen Wohnung die Kontrolle über den gemeinsamen Lebensraum beanspruchen. Entscheiden Sie sich, wo Ihr Hund hin darf und wo nicht und halten Sie diese Tabuzonen ein. Es bietet sich an, Bad, Küche und/oder evtl. das Schlafzimmer zur Tabuzone zu erklären. Es hängt von Ihren Räumlichkeiten und Vorlieben ab. Wie auch das Korbtraining ist es aber keine sinnlose Schikane, sondern eine sinnvolle Maßnahme.

Zur Schikane werden Tabuzonen, wenn Sie inkonsequent sind. Wenn der Hund mal in die Küche darf und ein anderes Mal nicht, machen Sie es sich und dem Hund unnötig schwer. Statt ununterbrochen auf der Lauer zu liegen, ob der Hund sich an die Tabuzonen hält, können Sie den Bewegungsspielraum des Hundes

erst mal ganz einfach kontrollieren, indem Sie Türen schließen oder ein Kinderschutzgitter anbringen. Erwarten Sie nicht, dass der Hund sich auch an die Tabuzonen hält, wenn Sie nicht in der Nähe sind! Wenn Sie das Haus verlassen, sollten Sie die Türen zu machen.

Die meiste Zeit des Tages darf Ihr Hund sich in der übrigen Wohnung relativ frei bewegen – er muss nicht ununterbrochen in seinem Korb liegen. Aber: Lassen Sie nicht zu, dass Ihr Hund Bewacher-Positionen bezieht – mitten im Raum, im Flur, unter dem Tisch, genau vor den Füßen der Menschen oder vor der Tür. Tut er das, schicken Sie ihn weg (konsequent). Bestehen Sie darauf, dass Ihr Hund menschlichen Familienmitgliedern aus dem Weg geht, gehen Sie nicht rücksichtsvoll um Ihren Hund herum. Ungestört schlafen kann der Hund in seinem Korb, überall sonst muss er auf uns achten und ausweichen.

Sitz, Platz, Komm!

Wenn Hundebesitzer mir beschreiben, welche Kommandos ihr Hund kennt, dann werden in der Regel »Sitz« und »Platz« genannt. Wenn ich darum bitte, mir das zu zeigen, können die meisten den Hund auch irgendwie ins Sitz oder Platz bringen. Worauf ich dann achte, ist: Steht der Hund selbstständig einfach wieder auf? In den meisten Fällen passiert das. Und damit war die Übung völlig nutzlos.

Auch die Grundkommandos sind, wie das Korbtraining, wie die Tabuzonen, kein Selbstzweck. Es geht nicht darum, den Hund irgendwie dazu zu bewegen, sein Hinterteil zu senken. Es geht darum, klar zu machen: Ich möchte, dass du jetzt genau hier bleibst, und zwar entweder in der Position Sitz, weil es gleich weiter geht und der Hund auf das nächste Kommando schnell reagieren soll, zum Beispiel am Straßenrand. Oder in der Position Platz, weil wir zum Beispiel länger an einer Stelle bleiben wollen und der Hund nicht »auf dem Sprung« sein soll. Eben: Kontrolle über den sozialen Raum.

Diesen Effekt haben die Kommandos Sitz und Platz natürlich nur, wenn sie bedeuten: Setz dich, bis das Kommando aufgehoben wird oder das nächste Kommando folgt. Das Laut- oder Sichtzeichen zu lernen und darauf mit Setzen oder Hinlegen zu reagieren, fällt Hunden nicht schwer. Es ist aber nur der erste Schritt. Nun muss der Hund den schwierigen Teil der Lektion lernen, nämlich, dass er nicht selbst entscheiden darf, wann er wieder aufsteht. Führen Sie also von Anfang an ein Kommando ein, das den Hund aus der Arbeit entlässt (z.B. »und ab!« oder »lauf!«). Befehlen Sie Sitz und Platz nur, wenn Sie die Möglichkeit haben, nachzuarbeiten – also dem Hund erneut das Kommando zu geben, wenn er selbstständig aufsteht. Wenn Sie das in einer Situation nicht tun wollen oder können, dann geben Sie besser gar nicht erst das Kommando (statt Platz zu befehlen, können Sie den Hund ja auch an der ruhenden Leine sich selbst überlassen).
Es ist nicht egal, ob der Hund sich setzt oder legt! Er soll genau das ausführen, an genau der Stelle und für genau so lange, wie Sie es befohlen haben. Wäre das alles gleichgültig, müssten Sie es schließlich auch nicht fordern.

Das Kommando »Komm!« kontrolliert ganz offensichtlich die Bewegungsfreiheit des Hundes (oder versucht es wenigstens). Je besser Ihr Hund an anderer Stelle gelernt hat, dass Sie den sozialen Raum kontrollieren, umso besser wird auch der Rückruf klappen.

Ruhe finden

Hunde verbringen zwei Drittel ihres Lebens schlafend – wenn man sie lässt! Dauernd wachsam sein zu müssen, ist anstrengend. Es ist absolut falsch zu glauben, dass der Hund gern mitten im Weg liegt. »Sein Lieblingsplatz ist unter dem Tisch!«, »Er will halt nichts verpassen!« – wirklich? Ist es tatsächlich angenehm, ständig hochzuschrecken? Jedes Geräusch und jede Bewegung mitzubekommen?

Buddy folgte den Menschen auf Schritt und Tritt. Das ist ein deutliches Zeichen von Unsicherheit. Der Hund kommt nicht zur Ruhe, muss sich ständig vergewissern, dass alles in Ordnung ist. Binnen weniger Tage Korbtraining hatte Buddy seinen neuen Korb komplett akzeptiert und schlief stundenlang entspannt darin.

Aber warum suchen sich Hunde eigentlich nicht von sich aus ein ruhiges Plätzchen? Wenn sie so dringend Ruhe brauchen – warum suchen sie sich selbst Plätze aus, die keine Ruheplätze sind? Warum beziehen sie Bewacherpositionen, und ziehen es vor, ständig aufzustehen und sich woanders hinzulegen?

Hunde, die sich frei aussuchen dürfen, wo sie liegen wollen, suchen sich von sich aus tatsächlich selten echte Ruheplätze aus. Ruheplätze, an denen sie abgeschirmt sind, wirklich entspannen und tief schlafen können. Die meisten Hunde suchen sich Plätze im Zentrum des Geschehens: erhöhte Plätze (auf dem Sofa), mitten im Zimmer, unter dem Tisch. Plätze, von denen aus man möglichst viel im Blick behalten kann. Und sehr viele tigern durch die Wohnung, immer den Menschen hinterher, stets wachsam – als Erster an der Tür wenn's klingelt, immer auf der Hut, solange Fremde in der Wohnung sind.

Wie sieht das aus Sicht des Hundes wirklich aus? Ein solcher Hund hat niemanden gefunden, dem er guten Gewissens die Verantwortung übertragen kann, für die Sicherheit der Höhle zu sorgen. Er muss alles im Auge behalten, aufpassen, wo sich alle Mitglieder des Familienverbandes gerade aufhalten, und muss Eindringlinge melden (und unter Umständen verscheuchen). Das ist ein Verhalten, das die meisten Menschen erst als Problem wahrnehmen, wenn es sehr weit fortgeschritten ist.

Wenn der Hund Besucher verbellt wie verrückt, wenn er anfängt zu knurren, wenn er wirklich ständig »zwischen den Füßen« ist. Oft höre ich: »Ach, ich finde das nicht so schlimm! Soll der Hund doch bellen oder in der Wohnung herumtigern – wenn er das möchte ...«

Der Hund möchte das aber nicht. Ihm bleibt nur nichts anderes übrig. Und das Unfaire daran ist: erst bekommt er den Job zugeschanzt, auf alle aufzupassen, und wenn er das dann tut – dann wird er geschimpft, bestraft, ausgesperrt und ist ein böser Hund. Schauen Sie bitte ganz genau hin, denn für den Hund beginnt das Problem sehr viel früher. Er muss die Verantwortung für die Sicherheit des Familienverbandes abgeben können, denn er ist damit überfordert. Wer glaubt, er tue dem Hund etwas Gutes, wenn er ihn im Haus einfach gewähren lässt, irrt gewaltig. Diese »Großzügigkeit« dem Hund gegenüber ist einfach nur Unwissenheit oder Bequemlichkeit auf Seiten des Menschen. In dem Moment, in dem Sie dem Hund klarmachen, dass SIE die Kontrolle über den sozialen Raum haben, nehmen Sie ihm auch die Verantwortung über die Sicherheit ab. Denn dann ist auch das Absichern der Höhle Ihr Problem. Und der Hund kann sich endlich entspannen.

Alleine bleiben

Die Kontrolle über den sozialen Raum zu übernehmen, führt auch dazu, dass der Hund weniger Stress hat, wenn er alleine ist. Auch das hat mit der veränderten Beziehung zu tun.

Grundsätzlich ist Ihre gelegentliche Abwesenheit gar nicht so unnatürlich für den Hund: Wie ein Wolfswelpe in der sicheren Höhle kann er einfach stillhalten und schlafen, bis die erwachsenen Rudelmitglieder von der Jagd zurück sind. Das funktioniert natürlich nur, wenn der Hund auch verstanden hat, dass Sie die Verantwortung für seine Sicherheit tragen. Dann hat er auch das Vertrauen, dass Sie immer wieder zurückkommen werden.

Unwohl fühlt sich der Hund dann, wenn er nicht der Meinung ist, dass der Ort, an dem er alleine bleiben soll, ein sicherer Ort ist. Das stresst ihn. Wirklich unproblematisch wird das Alleinebleiben für den Hund also erst, wenn die Sozialstruktur in Ihrem Familienverband stimmt. Daher bringt es auch meist nicht den erwünschten Erfolg, einen zweiten Hund dazuzuholen. Es ist sehr wahrscheinlich, dass der zweite Hund einfach nur die Unsicherheit des ersten übernimmt.

🐾 **Die ruhende Leine ist eine gute Methode, unruhige Hunde in die Ruhe zu bringen. Treten Sie einfach auf die Leine, und überlassen Sie es dem Hund, ob er sitzen, liegen oder stehen will. Beachten Sie ihn einfach gar nicht und korrigieren Sie auch nicht. Geben Sie dem Hund Zeit, ruhig zu werden. Das Signal an den Hund ist: Jetzt ist Pause! Das müssen Sie natürlich auch selbst ausstrahlen. Üben Sie das intensiv zu Hause, z.B. beim Zeitunglesen.**

Sie haben mit der ruhenden Leine eine Möglichkeit, auch unterwegs jederzeit einfach mal stehen zu bleiben, ohne dauernd auf den Hund achten zu müssen. Zum Beispiel wenn Sie jemanden treffen und sich unterhalten möchten.

Die ruhende Leine ist außerdem eine gute Hilfe, wenn Ihr Hund aufgeregt ist. So beruhigt sich der Hund viel besser, als wenn man dauernd auf ihn einredet und ihn nur noch nervöser macht.

Kim übt mit Lara die »ruhende Leine« in der Wohnung.

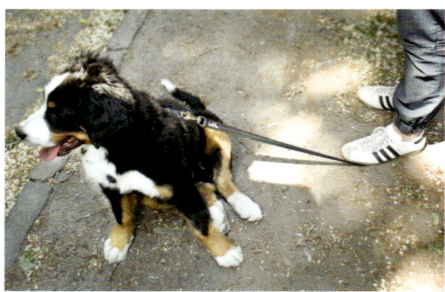

Karlo hat Pause.

Belga bei unserer ersten Übungsstunde. Sie war unruhig, zog an der Leine, regte sich über andere Hunde auf und witterte überall Hasen. Hier bleiben wir einfach an der »ruhenden Leine« stehen. Ich zeige deutlich, dass ich mich überhaupt nicht dafür interessiere, was sie tut und welche spannenden Dinge irgendwo sein könnten.

Melli zeigte ein starkes Territorialverhalten. Sie verbellte alles, was am Gartenzaun vorbeikam und ließ sich nicht zurückrufen. Sie sollte sich auf keinen Fall mehr alleine im Garten aufhalten und sogar für eine Zeit nur an der Leine mit nach draußen genommen werden. Hier üben Andrea und Melli, an der Leine zum Tor zu gehen und wieder zurück – ohne dass Melli bellt. Melli muss lernen, dass nicht alles, was sich draußen bewegt, angezeigt werden muss. Und vor allem muss Andrea dem Hund ganz deutlich zeigen: Was da draußen vor sich geht, ist mein Problem!

Im Garten

Wie erzieht man sich schnell und effektiv einen perfekten Wachhund? Ganz einfach – Sie müssen ihn nur oft genug alleine in den Garten lassen! Ein Garten gilt für Viele als ein Muss, wenn man einen Hund möchte, viele Tierheime bestehen sogar darauf. Ich halte nichts davon und zum Entsetzen meiner Kunden empfehle ich sehr oft, den Hund nicht mehr alleine in den Garten zu lassen (und schon gar nicht mehrere Hunde!). Wenn es in den Garten geht, dann gemeinsam, und zwar, wenn ich mich auch mit den Hunden beschäftige. Wenn Sie nur ein Buch im Liegestuhl lesen wollen, dann sollte der Hund auch Ruhe halten – im Zweifelsfall an der ruhenden Leine.

Wenn sich der Hund viel alleine im Garten aufhält, wird er sich dort alle möglichen Gewohnheiten zulegen, die er natürlich auch in anderen Situationen beibehält. Der Hund, der am Gartenzaun andere Hunde verbellt, tut das auch an der Leine. Der Hund, der sich im Garten nicht zurückrufen lässt, hört draußen genauso wenig. Alle Regeln, die für Ihren Hund gelten sollen – egal wo – müssen genauso im Garten gelten. Aber wenn Sie über den Garten keine Kontrolle ausüben, können Sie dort auch keine Regeln durchsetzen. Damit schwächen Sie Ihren Einfluss auf den Hund.

Je mehr sich der Hund im Garten alleine aufhält, umso mehr wird der Garten zu seinem Job, seiner Verantwortung. Wieder gilt: Die Ruhe und Sicherheit, auch im Garten, ist IHR Job. Natürlich ist es normal, dass Hunde »Eindringlinge« anzeigen. Wichtig ist, dass Sie dafür sorgen, dass das normale Territorialverhalten nicht immer stärker wird. Wenn der Hund kurz anschlägt und sich problemlos zurückrufen lässt, ist das in Ordnung. Lassen Sie ihn aber nicht unkontrolliert zum Zaun oder zur Tür stürmen. Machen Sie ihm klar, dass Sie sich, und nur Sie, um den Eindringling kümmern. Sonst steigert sich das Verhalten sehr schnell und ist dann umso schwerer wieder abzugewöhnen.

Solange Sie den Hund also nicht zuverlässig zurückrufen können, lassen Sie ihn an der Leine und gehen gemeinsam an die Tür. Halten Sie den Hund davon ab, Besucher anzuspringen oder zu verbellen. Belohnen Sie ihn nicht durch Aufmerksamkeit (auch nicht durch Schimpfen und Ermahnen – auch das ist Aufmerksamkeit).

Territorialverhalten kann sich ganz schnell auch auf die tägliche Gassirunde ausdehnen, wenn Sie immer um dieselben fünf Ecken gehen. Es erstaunt viele Hundebesitzer, dass mancher Leinenpöbler plötzlich wie ausgewechselt ist, wenn man an einem völlig anderen Ort spazieren geht. Abwechslung schaffen stärkt die Beziehung!

Der Spaziergang

Das Entscheidende am sozialen Raum ist, dass er über das soziale Gefüge definiert wird – viel stärker als über Wände, Türen oder Zäune. Der gemeinsame soziale Raum ist der gesamte Raum, in dem Sie sich mit Ihrem Hund bewegen. Also auch, wenn Sie spazieren gehen.

Auch dabei beanspruchen Sie ja die Kontrolle darüber, wie und wohin Sie sich fortbewegen (zumindest sollten Sie das). Ein Hund, der in Haus und Garten gelernt hat, dass Sie die Kontrolle über den sozialen Raum ausüben,

wird auch draußen viel eher bereit sein, sich Ihnen anzuschließen und an Ihrem Verhalten zu orientieren. Wenn er aber nicht gelernt hat, Beschränkungen seiner Bewegungsfreiheit zu verstehen und zu akzeptieren, warum sollte er das nun ausgerechnet jetzt tun?

Das Tempo, die Richtung, die Position zueinander – all das hat sehr viel damit zu tun, wie der soziale Raum organisiert ist. Die Grundlagen haben Sie bereits in Haus und Garten gelegt. Jetzt müssen Sie auch draußen klar die Kontrolle übernehmen. Das heißt, Tempo, Richtung und Position zueinander werden von Ihnen vorgegeben.

Wie bei den Tabuzonen gilt auch hier wieder: Solche Regeln sind keine Schikanen für den Hund. Es ist für den Hund vollkommen normal und natürlich, sich beim Gehen dem Anführer anzupassen. Er wird das auch sehr bereitwillig tun – wenn Sie die nötigen Führungsqualitäten beweisen.

Zeigen Sie klar und deutlich durch Ihre Körpersprache, wo Sie hinwollen. Bleiben Sie nicht überall stehen und kümmern Sie sich nicht um alles, was Ihr Hund gerade interessant findet. Sie bestimmen, wann und wo geschnüffelt oder gespielt wird – nicht der Hund. Ganz einfach. Aber erwarten Sie auch nicht, dass Ihr Hund Ihnen gerne folgt, wenn Sie nur gelangweilt durch die Gegend schleichen. Dann langweilt er sich ebenfalls und sucht sich Ablenkung. Ein bisschen Körperspannung und ein flottes Tempo tun Wunder und machen den Hund gleich viel aufmerksamer.

Sie kontrollieren den Raum, in dem Sie sich bewegen, dadurch, dass Sie ihn durch Ihre eigene Bewegung und Ihr eigenes Verhalten definieren. Nicht durch die Leine!

BRINGEN SIE ENERGIE
UND FREUDE IN DEN
SPAZIERGANG.

Begegnungen

Der soziale Raum, in dem Sie und Ihr Hund sich bewegen, wird natürlich auch von anderen bevölkert. Und damit ist das wichtigste schon gesagt: Es bleibt Ihr gemeinsamer sozialer Raum, egal, wo Sie sind und wer da noch eindringt. Es gelten Ihre Regeln – und der Hund muss sich darin sicher fühlen.

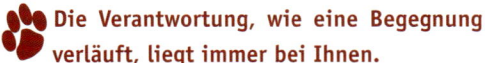 **Die Verantwortung, wie eine Begegnung verläuft, liegt immer bei Ihnen.**

Ihr Hund muss sich darauf verlassen können, dass Sie ihn vor ungewollten Übergriffen schützen. Es ist völlig egal, in welcher Absicht ein fremder Mensch oder Hund sich Ihrem Hund nähert. Ihr Hund ist an der Leine und kann sich nicht zurückziehen. Wenn er jetzt nicht bei Ihnen Schutz findet, ist er gezwungen, die Situation selbst zu regeln.

Verhindern Sie also aktiv, dass Fremde einfach eindringen – auch wenn Sie der Meinung sind, dass Ihr Hund kein Problem damit hat. Nur, weil Ihr Hund gutmütig ist und mit Eindringlingen freundlich umgeht, muss er trotzdem einen wichtigen Job selbst erledigen, der Ihrer sein sollte. Es kann ja sein, dass es hundertmal gut geht, wenn Ihr Hund auf Fremde zurennt oder ein anderer Hund Ihren Hund an der Leine beschnüffelt – aber Sie wissen nie, ob es beim hundertsten Mal doch anders läuft. Und auch wenn es nie schief geht – für Ihre Beziehung ist es trotzdem schlecht. Sie geben die Kontrolle über den sozialen Raum ab – und damit Ihren Anspruch, zu führen.

In der Einleitung habe ich die drei Grundtypen von Beziehung vorgestellt: Die gleichgültige »Mach-doch-was-du-willst«-Beziehung, das von Machtkämpfen geprägte Konkurrenzverhältnis, und die dritte, die einzig richtige Variante: »Bei mir bist du sicher!«

Den Hund mit »Eindringlingen« in dem gemeinsamen sozialen Raum allein zu lassen, fällt eindeutig in die erste Kategorie. Und es wird noch schlimmer: Wenn der Hund sich nun seine eigene Lösung ausdenkt, haben Sie bald einen Hund, der auf alles und jeden freudig bellend zustürmt und Sie hinterherzieht. Oder aber einen Hund, der sich verteidigt. Das ist jetzt beides nicht in Ihrem Sinne – also wird der Hund getadelt oder gemaßregelt, und Sie geraten mitten in einen Machtkampf. Beziehungstechnisch haben Sie also an allen Fronten verloren. Das ist aber nur das Extrem. Auch wenn es nie gar so weit kommt, im Grundsatz passiert trotzdem dasselbe: Wenn Sie sich gleichgültig verhalten und Ihre Verantwortung nicht wahrnehmen, versäumen Sie es, Ihrem Hund das Angebot zu machen: »Bei mir bist du sicher!«

Es ist im Grunde völlig egal, ob Ihr Hund immer freundlich und scheinbar nicht im geringsten verunsichert ist. Das ist zwar gut und schön, hat aber nichts mit dem Kernproblem zu tun. Es ist wieder einmal die Frage nach Form und Inhalt: wollen Sie eine starke Beziehung – oder reicht Ihnen ein Hund, der glücklicherweise ein friedliches Naturell hat? Wenn es um Erziehung geht, geht es zu einem großen Teil um Ressourcenkontrolle. Und die wichtigste Ressource von allen ist die Sicherheit. Wenn Sie die Gelegenheit ungenutzt verstreichen lassen, diese Ressource aktiv zu kontrollieren, dann lassen Sie sich eine große Chance entgehen. Ihrem Hund das Gefühl von Sicherheit zu geben, bringt Ihnen tausendmal mehr Pluspunkte für Ihre Beziehung als ein ganzer Sack voller Leckerli.

Melli sucht Schutz. Sie schaut die anderen Hunde nicht an und ist bereit, sich hinter Andrea zurückzuziehen.

Heißt das jetzt, alle Begegnungen da draußen sind potentielle Gefahren, die Sie entschlossen abwehren müssen? Natürlich nicht. Es heißt einfach, dass Ihr Hund genau wissen muss: Sie haben die Verantwortung. Es ist zuerst wieder die innere Einstellung, die sich ändern muss.

Wenn Sie auf der Straße jemandem begegnen, sind Sie derjenige, der Kontakt aufnimmt – nicht der Hund. Lassen Sie ihn nicht auf jeden freundlichen Menschen zustürmen. Lassen Sie nicht jeden den Hund streicheln. Auch, wenn der Hund das scheinbar doch selbst so toll findet und begeistert jeden begrüßt: Es ist seine Strategie, mit Ihrer bisherigen Gleichgültigkeit zurechtzukommen. Hinter der ganzen Aufregung steckt meist eine Menge Unsicherheit. Zeigen Sie, dass Sie nicht mehr gleichgültig sind. Bieten Sie Ihrem Hund immer wieder an, bei Ihnen, hinter Ihnen, Schutz zu suchen und schirmen Sie ihn mit Ihrem Körper ab. Machen Sie einfach einen deutlichen Schritt nach vorne, zwischen den Hund und den »Eindringling«. Ihr Hund wird das sofort erkennen! Und wenn jemand fragt, ob er den Hund streicheln darf, dann sagen Sie einfach mal »Nein«.

Wenn Sie sich intensiv mit der Handfütterung und dem Vertrauensaufbau beschäftigt haben, dann haben Sie gelernt, die Signale Ihres Hundes zu lesen. Wie sicher sind Sie, dass Ihr Hund es wirklich schätzt, sich mit jedem Fremden – ob Hund oder Mensch – beschäftigen zu müssen? Und schätzen Sie es, wenn Ihr Hund das tut? Es ist gar nicht so normal und wünschenswert, dass der Hund mit jedem sofort Kontakt aufnimmt. Und auch, wenn Sie sich mal kurz unterhalten, sollte nicht der Hund im Mittelpunkt stehen. Zeigen Sie ganz deutlich: Sie kümmern sich um den »Eindringling«, der Hund hat damit gar nichts zu schaffen. Das gilt für Begegnungen auf der Straße ebenso wie für Besucher in der Wohnung.

Wie immer ist Fingerspitzengefühl gefragt. Natürlich ist es schön, einen freundlichen, zugewandten Hund zu haben, der gerne »Hallo« sagt. Aber schauen Sie genau hin: Tritt Ihr Hund eigentlich eher die Flucht nach vorne an? Macht er ein großes Theater, weil er bisher einfach gelernt hat, dass das irgendwie von ihm erwartet wird? Weiß er, dass er eine Wahl hat – oder hat er gelernt, dass er doch nur mit den Worten »Guck mal, der ist doch ganz lieb« wieder nach vorne gezerrt wird, wenn er Schutz sucht?

Ich habe immer wieder Anfragen von Hundebesitzern, die meine Hilfe suchen, weil der Hund sich nicht gerne von Fremden streicheln lassen mag. So groß ist die Erwartung, dass Hunde das mögen müssen. Natürlich lautet meine Antwort dann: Wenn der Hund nicht angefasst werden möchte, dann sorgen Sie dafür, dass er in Ruhe gelassen wird.

Genau wie Menschen, sind Hunde in diesem Punkt sehr unterschiedlich. Meine Siska geht sehr offen auf jeden zu und ist manchmal recht stürmisch, Falk dagegen begrüßt auch Leute, die er seit Jahren kennt, ab und an nur mit einem Seitenblick. Warum sollte ich von ihm erwarten, dass er sich von Fremden anfassen lässt?

Niedliche Hunde haben es natürlich besonders schwer. Dass kleine Hunde oft so überdreht und aufgeregt wirken und es so viele »Giftzwerge« gibt, kommt nicht von ungefähr. Sorgen Sie dafür, dass Ihr kleiner Hund sich vor Übergriffen sicher fühlen kann.

ARTGENOSSEN

Was bei Begegnungen mit Menschen gilt, das gilt natürlich genauso bei Begegnungen mit Artgenossen. Und auch hier sei gesagt: Selbst wenn Ihr Hund keine Probleme mit Artgenossen zu haben scheint, ergreifen Sie die Gelegenheit, an Ihrer Beziehung zu arbeiten. Wenn er Probleme hat – dann müssen Sie sowieso handeln.

Das ganze Thema »andere Hunde« ist mit so vielen Vorurteilen und falschen Annahmen befrachtet, dass man es erst einmal genau betrachten muss. Überprüfen Sie vorab sich selbst und analysieren Sie, wie Sie und Ihr Hund mit anderen Hunden umgehen. Auffällig ist, dass einerseits Leinenaggression und Unverträglichkeit mit Artgenossen die häufigsten Erziehungsprobleme im Hundehalter-Alltag sind. Andererseits geht aber jeder davon aus, dass es völlig normal und unproblematisch sein sollte, wenn fremde Hunde aufeinandertreffen. Die meisten Menschen erwarten, dass sich die Hunde freundlich beschnüffeln und danach fröhlich miteinander spielen. Ganz offensichtlich ist das aber nicht immer so. Und das hat Gründe.

WIE NATÜRLICH IST SOZIALKONTAKT?

Selbstverständlich ist Sozialkontakt wichtig. Aber einfach anzunehmen, dass man einen Hund nur mit Artgenossen »zusammenschmeißen« muss, und alle spielen miteinander, ist völlig falsch. Ist es nicht natürlich, die Hunde einfach sich selbst zu überlassen? Aber was ist daran natürlich? Immer wenn es um natürliche Verhaltensweisen geht, wird gerne der Wolf bemüht. Für einen Wolf wäre es ganz und gar nicht normal, mit einem fremden Artgenossen zu spielen.

Sozialkontakt ist wichtig, aber nicht immer unproblematisch.

Auch auf der Hundewiese bleibt der Mensch der Anführer.

Wölfe leben mit Mitgliedern ihrer Familie zusammen. Sie sind territorial und geben sich größte Mühe, ihr Revier zu markieren und fremde Wölfe draußen zu halten. Ihr Rudel ist der Familienverband. Neue Mitglieder werden nicht von außen in das Rudel integriert, sie werden hineingeboren, oder ein Paar gründet ein neues Rudel. So viel in aller Kürze, natürlich ist das alles etwas komplexer. Aber auf jeden Fall gehören tägliche Zufallsbegegnungen mit fremden Artgenossen nicht in das Verhaltensrepertoire eines Wolfes.

Auch unsere Haushunde leben im Familienverband. Und das macht den Hund zu etwas ganz Besonderem: Hunde sind in der Lage, mit dem Menschen in einem Sozialverband zu leben. Es ist nicht unnatürlich für Hunde, Menschen als Familienmitglieder zu sehen, auch wenn hier zwei verschiedene Spezies zusammenleben. Wir kopieren dadurch, dass wir dem Hund eine ähnliche Sozialstruktur anbieten, die natürliche Lebensweise eines Wolfsrudels. Wir sind trotzdem keine Artgenossen, und es

ist wichtig, dem Hund Kontakt zu Artgenossen zu ermöglichen – aber die feste Sozialstruktur, in der der Hund lebt, ist unser gemeinsamer Familienverband. Dieser definiert die Regeln.

Für Begegnungen zwischen Mitgliedern verschiedener Familienverbände – Zufallsbekanntschaften – gibt es nun aber keine »natürlichen« Regeln. Wölfe pflegen keine Sozialkontakte außerhalb ihres Rudels. Sie haben ein recht vorhersehbares Verhalten, wenn sie Fremden begegnen: Sie vertreiben den Eindringling aus ihrem Revier. Unsere Haushunde verhalten sich in vielerlei Hinsicht nicht wie Wölfe: Sie zeigen ein deutlich weniger ausgeprägtes Revierverhalten, und sie sind auch nicht so feindselig gegen Eindringlinge. Ihr Verhalten bei Begegnungen mit Fremden ist daher nicht vorhersehbar.

Jeder Hund geht anders damit um, jede Situation kann anders verlaufen. Von Begeisterung über Gleichgültigkeit bis hin zu blanker Aggression.

> 🐾 **Haushunde werden nie so richtig er- wachsen und viele bleiben ihr Leben lang sehr verspielt. Aber auch hier gibt es, abhängig von Rasse und Persönlichkeit, durchaus Hunde, die als Erwachsene nicht mehr mit anderen Hunden spielen möch- ten und sich von aufdringlichen Spielauf- forderungen eher genervt zeigen. Wenn Ihr verspielter Hund sich also einen Rüffel einfängt, weil der andere eben nicht spie- len will, dann ist das durchaus berechtigt! Lassen Sie es nicht soweit kommen – rufen Sie Ihren Hund vorher zurück.**

Es gibt ängstliche Hunde und dreiste, mehr oder weniger verspielte usw. Wie ein Hund sich verhält, hat mit seiner Rasse zu tun, wie er aufgewachsen ist und sozialisiert wurde, und mit seinem individuellen Temperament; aber ebenso mit der Situation und dem Ver- halten der anderen Hunde. Eine zufällig zusammengewürfelte Gruppe einander frem- der Hunde verhält sich nicht wie ein Rudel. Anders als in einem echten Rudel kann es in solchen Gruppen tatsächlich zu ernsthaften Auseinandersetzungen kommen. Es besteht dort keine Rangordnung im Sinne von sta- bilen und verlässlichen sozialen Beziehung- en, und sie bildet sich auch nicht. Jeder Hund, der neu dazukommt, bricht vorhandene Über- einkünfte wieder auf, und jede Veränderung der Situation verändert die Dynamik der Gruppe.

Hunde können natürlich miteinander kommu- nizieren. Sie können die Körpersprache des anderen und sein Verhalten deuten. Wenn es zu Konflikten kommt, nutzen sie Droh- und Unterwerfungsgebärden. Meist können sich Hunde gut verständigen und kommen mitei- nander aus. Aber darauf sollte man sich nicht

100% verlassen. Nicht alle Hunde sprechen dieselbe Sprache. Es gibt schlecht sozialisier- te Hunde, die andere Hunde nicht verstehen und die für andere Hunde schwer lesbar sind. Buddy ist so ein Fall: Sein unberechenbares Verhalten gegenüber Artgenossen und seine niedrige Reizschwelle machten die Arbeit mit ihm wirklich schwierig. Es ist einer der weni- gen Hunde, auf die sogar meine gutmütige und immer eher unterwürfige Siska mit Aggression reagierte.

Es muss auch nicht immer aggressives Ver- halten sein, das zum Problem wird. Manche Hunde benehmen sich einfach rüpelig und nerven die anderen mit dauernden Aufforde- rungen zum Spiel – bis es eine Auseinander- setzung gibt. So schön es also ist, wenn Hunde Umgang mit Artgenossen haben: Die Situation ist auch für Ihren Hund schwierig einzuschät- zen, instabil und unvorhersehbar. Wenn man es so betrachtet, wird klar, warum Sie gerade dann, wenn Ihr Hund anderen Hunden begeg- net, für ihn präsent sein müssen. Jetzt hängt sehr viel davon ab, wie Sie mit der Situation umgehen. Denn die stabile Beziehung, auf die der Hund bauen kann (können sollte), ist weiterhin die zu seinem Menschen, zu seinem Familienverband. Dessen Regeln gelten weiter. Und die wichtigste Regel soll schließlich lau- ten: Bei mir bist du sicher!

Jetzt haben Sie mehr denn je die Möglich- keit, Ihrem Hund zu zeigen, dass er bei Ihnen Sicherheit findet – die wichtigste Ressource von allen. Leider lassen sich sehr viele Hun- dehalter diese Gelegenheit komplett entge- hen. So unnatürlich es ist, wenn Hunde keinen Kontakt zu Artgenossen haben dürfen – so unnatürlich ist es auch, wenn die Bindung zu seinem Familienverband plötzlich abreißt. Las- sen Sie Ihren Hund nicht allein.

Und drängen Sie ihn niemals zu Sozialkontakt, wenn der Hund es nicht möchte. Nur weil wir Menschen es schön und erstrebenswert finden, dass Hunde miteinander spielen, heißt das noch lange nicht, dass Ihr Hund sich damit wohl fühlt. Ihn aus der Deckung hervorzuziehen und zum Spielen zwingen zu wollen (wie es in manchen Welpenspielstunden gefordert wird) ist in hohem Maße unfair.

Wir üben das schon ganz bewusst in der Welpenstunde. Denn auch die ist nicht nur zum Spielen da. Ihr Welpe muss auch lernen: Bei meinem Menschen habe ich Ruhe vor den anderen. (Und auch umgekehrt: Bei meinem Menschen muss auch ich Ruhe geben!)

Während Dackel Leo bei Saskia an der Leine ist, dürfen die anderen Hunde frei laufen. Mops-Mix Balou nähert sich und will spielen. Niedlich, oder? Wer wird schon vor so einem kleinen Mops Angst haben? Aber: Es ist völlig egal, ob Leo Angst hat, mitspielen will oder an der Leine herumzappelt, hier geht es darum, dass Saskia sehr deutlich zeigt: Ich kümmere mich darum! Das Entscheidende ist, dass Saskia nicht abwartet, bis Leo selbst handelt und sich gegen den nervigen kleinen Kerl wehrt. Dann wäre es schon zu spät. Denn Leo hätte die Erfahrung gemacht, dass er auf sich allein gestellt ist. Er kann an der Leine nicht weglaufen, er kann nicht hundegerecht kommunizieren. Ihm bliebe nur übrig, sich zu wehren, wenn Balou ihn nervt. So kann Leinenaggression entstehen. Saskia schiebt Balou weg, und zwar mit Nachdruck. Raus aus dem gemeinsamen sozialen Raum! Schaut man nur oberflächlich hin, könnte man denken, dass Balou hier erzogen wird. Aber bei dieser Übung geht es nicht um ihn, sondern nur um die Beziehung zwischen Leo und Saskia: Bei mir bist du sicher!

🐾 **EIN BEISPIEL:** Eigentlich ist ja Pauline das Sorgenkind. Sie ist ängstlich und unsicher, kein Wunder bei ihrer schlimmen Vergangenheit. Immer wieder zeigte Pauline sich aus scheinbar heiterem Himmel an der Leine aggressiv gegen andere Hunde. Ein Hauptproblem mit den beiden kleinen Damen war die Leinenführigkeit. Nachdem Pia die Grundzüge verstanden hatte, wurde es schnell besser. Es hatte einfach nur an Entschlossenheit und Führungswillen gefehlt. Vor allem Pauline war sehr schnell bereit, sich der menschlichen Führung anzuvertrauen. Ein für Frauchen Pia überraschender Nebeneffekt: Auf einmal war es nicht mehr Pauline, die an der Leine giftend nach vorne schoss, sondern Jule.

Pauline bleibt in Deckung – Jule übernimmt die Sicherheit.

Die kleine Schwarze hatte aus Pias neuer Entschlossenheit für sich sehr bald den Schluss gezogen: Frauchen passt auf mich auf. Sie zog es nun vor, sich hinter Pias Beinen in Sicherheit zu bringen. Dort soll sie auch bleiben! Nur leider scheint jetzt Jule – selbstbewusst, verwöhnt, von Welpenalter an Pias »kleine Prinzessin« – zu denken, die Aufgabe liege jetzt bei ihr. Dabei war sie früher nie aggressiv gewesen!

Was ist hier passiert? Jule hat nie gelernt, dass Frauchen Schutz bietet. Schon in der Welpenstunde wurde ihr ganz gezielt das Gegenteil beigebracht. Jule – der kleinste Welpe von allen – wollte nicht mit den anderen spielen und verkroch sich bei Frauchen. Pia bekam die Anweisung (und folgte ihr), zur Seite zu gehen, damit sich der Hund nicht bei ihr verstecken könne. Jule fehlt aufgrund solcher frühen Erlebnisse einfach völlig die wichtigste Erfahrung, die der Welpe machen muss: Bei mir bist du sicher! Trotzdem war Jule nie aggressiv, einfach weil sie nie einen Grund hatte. Sie ist nicht ängstlich und hat für sich die Strategie »Frechheit siegt« perfektioniert. Nun kam Pauline in die Familie und wurde von Jule unter ihre Fittiche genommen. Pauline aber ist ängstlich – und mit der Zeit übernahm Jule die Aufgabe, auf sie aufzupassen.

Pauline den Ausweg zu zeigen, lieber die Sicherheit beim Menschen zu suchen, ist viel einfacher als einen Hund wie Jule davon zu überzeugen! Jule wurde über Jahre in der Erfahrung, selbst entscheiden zu müssen, bestätigt. Um sie zu beeindrucken, sind echte Führungsqualitäten gefragt.

Zum Glück kann man weder bei Jule noch bei Pauline von einer ausgeprägten Leinenaggression sprechen. Um so wichtiger ist es, die Anfänge zu erkennen und dagegen zu arbeiten!

BEGEGNUNGEN RICHTIG GESTALTEN

Zurück zum sozialen Raum: Ihr Hund muss sich darin, bei Ihnen, immer sicher fühlen. Das gilt besonders bei Begegnungen mit anderen Hunden. Wie können Begegnungen stressfrei und positiv ablaufen?

Sie begegnen einem anderen Hund. Wenn Ihr Hund an der Leine ist, ist sein Bewegungsspielraum eingeschränkt und er wird gezwungen, auf eine Weise auf einen Artgenossen zuzugehen, die er sich selbst nie so aussuchen würde. Hunde würden nicht frontal aufeinander zugehen. Sie kommunizieren schon auf große Distanz durch ihre Körpersprache miteinander. Meist wird einer versuchen, auszuweichen und damit signalisieren, dass er Stress aus dem Weg gehen möchte. An der Leine geht das aber nicht.

🐾 **Der Hund kann jetzt zwei sehr unterschiedliche Erfahrungen machen:**

1. Entweder die Erfahrung, dass der Kontakt mehr oder weniger unausweichlich ist und er sich damit auseinandersetzen muss. Ob er nun die Variante wählt, den anderen zum Spiel aufzufordern oder sich für »Angriff ist die beste Verteidigung« entscheidet, ist unwesentlich. Die grundsätzliche Erfahrung ist entscheidend: Die Begegnung wird zum Problem des Hundes.
2. Oder er macht die Erfahrung, dass der Mensch sich ganz deutlich zwischen ihm und dem anderen Hund positioniert und eindeutig signalisiert: Das hat nichts mit dir zu tun, ich halte den Eindringling raus aus unserem sozialen Raum. Es ist mein Problem!

So laufen Begegnungen an der Leine stressfrei ab:

PHASE 1

Gehen Sie einfach normal weiter. Konzentrieren Sie sich auf das korrekte Gehen an der Leine und lassen den anderen Hund links liegen. Wenn Sie Ihren Hund jetzt kurz nehmen, sich selbst anspannen und auf den Hund einreden, erhöhen Sie den Stresspegel. Der Hund verbindet das mit dem anderen Hund und folgert entsprechend: Es droht Gefahr! Bleiben Sie also ganz ruhig und konzentrieren Sie sich nur auf sich und Ihren Hund. Der andere ist uninteressant, er kann Ihrem Hund nichts tun. Das signalisieren Sie ganz einfach dadurch, dass Sie an anderen Hunden so vorbeigehen, dass Sie sich zwischen dem anderen Hund und Ihrem befinden. Bei Begegnungen gilt: besser Mensch an Mensch, nicht Hund an Hund. Machen Sie das ganz beiläufig, ohne Theater und ohne den Hund besonders kurz zu nehmen. Sie sortieren sich nur einfach so, dass Sie den gemeinsamen sozialen Raum zum Eindringling hin abgrenzen. Entweder, indem Sie den Hund auf die andere Seite nehmen oder indem Sie auf die andere Seite des Weges wechseln.

Am besten ist es natürlich, der Hund macht die Erfahrung, dass Sie ihn abschirmen und ihm Sicherheit geben, bevor er überhaupt die Gewohnheit entwickelt, auf andere Hunde zuzugehen (ob freundlich oder aggressiv, ist dabei gar nicht wichtig). Aber was tun, wenn er sich das längst angewöhnt hat? Auf jeden Fall: nicht aufgeben. Machen Sie dem Hund immer wieder das Angebot, einfach auf der sicheren Seite zu bleiben. Fordern Sie ihn auch deutlich dazu auf! Das klappt natürlich nicht, wenn Sie erst in der Stresssituation damit anfangen. Die Grundregeln Ihres gemeinsamen sozialen Raumes müssen Sie schon vorher festgelegt haben, sonst können Sie jetzt natürlich nicht darauf bauen. Machen Sie sich selbst und

Ihrem Hund erst einmal klar, dass es absolut nicht selbstverständlich ist, dass ein anderer Hund irgendwie Kontakt zu Ihrem aufnimmt! Je stärker Ihr Hund bereits auf andere reagiert, umso wichtiger ist das.

> 🐾 **Bei einem Hund wie Buddy, der bereits eine sehr ausgeprägte Leinenaggressivität zeigt, dauert es eine ganze Zeit, bis er die neue Situation akzeptieren kann. In dieser Übungssituation steckt viel Vorarbeit, und Buddy ist noch lange nicht gefestigt. Hier klappt es gut. Buddy bleibt neben Dirk, aber er wirkt unsicher. Er traut der Situation noch nicht, aber man sieht, dass er sich intensiv damit auseinandersetzt. Dirk konzentriert sich voll auf Buddy und kümmert sich nicht um den Eindringling. Er hält Buddy nicht durch Krafteinwirkung an der Leine zurück, sondern indem er ihn mit seinem Körper abschirmt.**

PHASE 2

Keine Kontaktaufnahme! Auch wenn sich die Menschen begrüßen wollen, die Hunde sollten erst mal lernen, dass es hier nicht um sie geht. Lassen Sie die Hunde nicht zueinander. Bleiben Sie aber, wenn überhaupt, nur kurz stehen, sonst machen Sie die Aufgabe unnötig schwer.

Es ist für die Hunde viel angenehmer, sich zuerst in der Bewegung aneinander zu gewöhnen. Statt stehen zu bleiben und die Hunde sich beschnuppern zu lassen, sollten Sie also besser erst einmal gemeinsam weitergehen. Jeder führt seinen eigenen Hund! Kümmern Sie sich nicht um den anderen. Schenken Sie der Situation gar keine große Aufmerksamkeit, sondern bleiben Sie ganz entspannt. Zeigen Sie Ihrem Hund, dass es vollkommen normal ist, einfach mit etwas Abstand (!) nebeneinander herzugehen. Wenn Sie gemeinsam zügig weitergehen und das auch von Ihrem Hund völlig selbstverständlich erwarten, wird er sich am besten entspannen.

Man sieht, dass die Menschen bei dieser Übung dem Frieden noch nicht trauen. Aber besser auf Nummer sicher gehen, als eine Auseinandersetzung riskieren, schließlich sind beide Hunde auf diesem Bild gewohnheitsmäßige Leinenpöbler.

PHASE 3

Wenn alles ruhig ist, können Sie die Hunde jetzt auch mal schnuppern lassen. Dazu brauchen die Hunde Freiraum an der Leine! Friedlich läuft es nur ab, wenn sie den Spielraum haben, sich zu umkreisen. Da ist natürlich Vorsicht geboten, damit sich die Leinen nicht verheddern. Sobald sich einer der Hunde eingeengt fühlt, kann es sehr schell ungemütlich werden. Falls Sie das Beschnuppern an der Leine erlauben, müssen Sie sich also mitdrehen und darauf achten, die Leinen sofort wieder zu entwirren. Lassen Sie den Kontakt nur kurz zu – nicht länger als eine halbe Minute – und gehen Sie dann wieder weiter, damit gar nicht erst Spannungen entstehen können. Passen Sie auf, dass es nicht erst zu einer Auseinandersetzung kommt. Auch wenn diese glimpflich verläuft, haben Sie trotzdem einen Vertrauensverlust riskiert. Egal, ob Ihr Hund oder der andere der Aggressor war. Wenn sich Hunde an der Leine beschnuppern dürfen, müssen beide Menschen aufmerksam sein. Wenn Sie plaudern und nicht aufpassen, während sich die Hunde annähern, kann es schnell zu einer unangenehmen Überraschung kommen. Wenn Sie sich unterhalten möchten, geben Sie den Hunden lieber eine Pause an der ruhenden Leine.

PHASE 4

Viel besser ist es, wenn der direkte Kontakt ohne Leine zustande kommt. Wenn beide Hunde an der Leine entspannt nebeneinanderher gehen und sich gar nicht mehr besonders füreinander zu interessieren scheinen (und es die Rahmenbedingungen zulassen), können Sie die Leinen lösen. Es sollten dabei alle in Bewegung bleiben, gehen Sie also sofort gemeinsam weiter. Hier kommt es auf Kleinigkeiten an! Lösen Sie die Leine nicht, wenn der Hund gerade zum anderen hinzieht. Wenn die Hunde sich schon gegenseitig fixieren, bleibt die Leine dran. Der Hund muss zuerst Ihnen seine Aufmerksamkeit zuwenden und entspannt sein.

Hier klappt es schon sehr gut. Die Menschen gestalten die Begegnung, nicht die Hunde. Buddy bleibt ruhig, und der Setter rechts zeigt deutlich, dass er sowieso lieber keinen Kontakt möchte. Viele Hunde reagieren so, wenn man ihnen die Chance dazu gibt.

Auch in der Welpenstunde sollte man das schon üben: An der Leine geht man einfach nebeneinander, ohne Kontaktaufnahme.

Lassen Sie ihn sitzen und leinen Sie ihn ganz in Ruhe ab. Vermeiden Sie jedes Theater um das Lösen der Leine! Oft kann man beobachten, dass Hundehalter ihre Hunde regelrecht von sich wegschicken, wenn sie die Leine lösen – mit dem inneren Bild »Los, jetzt darfst du rennen!« Das ist nicht der Sinn der Sache. Leicht entsteht beim Hund der Eindruck, er wird nun zur Verteidigung vorgeschickt. Vermeiden Sie das um jeden Preis! Wenn Sie selbst unsicher oder angespannt sind, überträgt sich das sehr leicht auf den Hund. Bauen Sie in sich selbst die Erwartung auf, dass der Hund jetzt ebenso mit Ihnen läuft und von Ihnen geführt wird, wie an der Leine auch. Der andere Hund ist Nebensache!

Wenn die Hunde vorher Gelegenheit bekommen haben, sich an die Gegenwart des anderen zu gewöhnen, kann es gut sein, dass jetzt erst mal gar nicht viel passiert. Die Hunde tun nun im Idealfall das, was sie auch getan hätten, wenn sie sich gleich ohne menschliche Beglei-

tung begegnet wären. Sie halten erst mal Abstand, taxieren sich gegenseitig und klären die Verhältnisse aus einer gewissen Distanz. Beobachten Sie die Situation, damit Sie eingreifen können. Bieten Sie Ihrem Hund immer Schutz an, wenn er ihn sucht. Rufen Sie ihn immer wieder mal zu sich, bleiben Sie für ihn präsent!

Sobald die Situation unruhig wird, beenden Sie sie wieder. Geben Sie den Hunden unter kontrollierten, sicheren Bedingungen an der Leine Gelegenheit, sich in der Bewegung wieder zu entspannen. Bewegung baut Adrenalin ab.

Kommt ein anderer Hund Ihrem zu nahe oder wird gar aufdringlich, positionieren Sie sich einfach körperlich zwischen den Hunden. Und zwar bevor der eigene Hund sich selbst verteidigt oder eine Drohgebärde zeigt. Die meisten Hundebesitzer warten viel zu lange, bevor sie eingreifen. Es geht nicht nur darum, eine Beißerei zu verhindern – es geht darum, dass Ihr Hund lernt, dass er sich überhaupt keine Sorgen machen muss, der Eindringling ist Ihr Job.

Ganz unharmonisch wird es, wenn die Menschen sich mit ihren Hunden schön aufeinander zu ausrichten und dann alle gleichzeitig mit großem Hallo (»Und los jetzt, geh spielen!«) die Leinen lösen. Die Hunde quasi »aufeinanderhetzen«. Nichts anderes ist das nämlich: Das menschliche Publikum steht außen herum und feuert die Kontrahenten an – wie am Boxring. Senden Sie Ihrem Hund nicht solche falschen Signale. Das Ableinen sollte überhaupt nicht an die Erwartung geknüpft sein, dass es jetzt gleich zur Begegnung – oder besser: Konfrontation – kommt! Vielleicht will Ihr Hund viel lieber erst mal herumschnüffeln und möchte gar keinen Kontakt? Prima!

PHASE 5
Auch wenn Ihr Hund sich bestens mit allen anderen Hunden versteht und auf der Hundewiese eine Menge Spaß hat: Nutzen Sie auch hier die Gelegenheit, an Ihrer Beziehung zu arbeiten. Rufen Sie Ihren Hund immer wieder mal zu sich und beschäftigen Sie sich mit ihm. Viele Hundebesitzer gehen ganz selbstverständlich davon aus, dass das Spielen mit anderen Hunden immer attraktiver sein muss als Sie selbst. Warum eigentlich? Geben Sie sich Mühe, für Ihren Hund spannend zu sein, zeigen Sie ihm, dass es sich lohnt, zu Ihnen zu kommen – für ein Spiel, ein Leckerli, ein Lob und Ihre ehrliche Freude!

WIR GEHÖREN ZUSAMMEN!
Sie sind im Leben Ihres
Hundes wichtiger als fremde
Zufallsbegegnungen.

🐾 GANZ UNANGENEHM: BEGEGNUNGEN ZWISCHEN ANGELEINTEN UND FREI LAUFENDEN HUNDEN. WIE GEHT MAN DAMIT UM?

Zunächst ist es ein Gebot des Anstands, den eigenen Hund ebenfalls anzuleinen, wenn der andere Hund an der Leine ist. Auch wenn Sie noch so sicher sind, dass Ihr Hund nicht aggressiv wird: Sie können nie wissen, wie der andere Hund und der andere Mensch sich verhalten. Was, wenn Ihr frei laufender Hund sich doch von einem Leinenpöbler provozieren lässt? Und selbst wenn Ihr Hund noch so friedlich ist – wenn Sie damit dem anderen Angst einjagen, ist das rücksichtslos. Rücksichtnahme und Verständnis für andere gehören einfach dazu! Rufen Sie Ihren freilaufenden Hund immer zurück und leinen Sie ihn an, wenn Ihnen angeleinte Hunde begegnen. Nehmen Sie es als willkommene Gelegenheit, den Abruf zu üben (und zu belohnen) und achten Sie darauf, das Anleinen angenehm für den Hund zu gestalten! Keinesfalls soll die Situation hektisch oder stressig sein, bleiben Sie ganz ruhig. Klären Sie zunächst, ob die Hunde vielleicht beide frei laufen dürfen, und gehen Sie vor, wie oben beschrieben.

Wenn Sie sich auf der anderen Seite wiederfinden, der andere Hundebesitzer seinen Hund nicht anleinen will oder kann, dann gestalten Sie die Situation erst einmal genauso, als wären beide Hunde an der Leine. Bleiben Sie ruhig, gehen Sie einfach weiter, positionieren Sie sich zwischen Ihrem und dem fremden Hund. Versuchen Sie, ihn physisch auf Abstand zu halten. Nehmen Sie Ihren Hund aber dabei nicht zu kurz, verkrampfen Sie sich nicht.

Keine Hektik. Das alles würde Ihren eigenen Hund nur alarmieren und seine Unsicherheit steigern. Sehen Sie einfach zu, dass Sie weiterkommen, und bleiben Sie nicht stehen. Es ist für Ihren Hund nicht angenehm, wenn er selbst an der Leine ist, während sich der andere frei bewegen kann. Vermeiden Sie also direkten Kontakt, wenn Ihr Hund angeleint bleiben soll.

Was aber, wenn sich der freilaufende Hund auf Ihren stürzt und eine Auseinandersetzung anfängt?

Versuchen Sie nicht, zwischen die Hunde zu greifen. Die Verletzungsgefahr ist hoch. Auch Ihr eigener Hund kann nicht unterscheiden, wo der andere Hund aufhört und Ihr Arm anfängt. Auch laut zu werden und an der Leine zu zerren, macht alles noch schlimmer. Es erhöht den Stress und das Aggressionspotential der Situation nur noch mehr. Auch wenn das schwerfällt: Ruhig bleiben! Gehen Sie besser einen Schritt zurück. Lassen Sie die Leine los, damit Ihr Hund Bewegungsfreiheit hat.

Normalerweise dauert es nicht lange, bis einer der Kontrahenten den Rückzug antritt oder sich unterwirft. An der Leine ist das nicht möglich: Wenn Sie Ihren Hund festhalten, bringen Sie ihn in Bedrängnis. Wenn er nicht weglaufen und sich nicht unterwerfen kann, zwingen Sie ihn zum Kampf und riskieren erst recht eine schwere Verletzung.

Check: Begegnungen

✔ Können Sie zuverlässig erkennen, ob Ihr Hund Ihren Schutz sucht?

✔ Wie verhalten Sie sich, wenn Sie einen anderen Hund sehen?

✔ Wie verhält sich Ihr Hund?

✔ Welche Erwartungen haben Sie an die Situation?

✔ Gestalten Sie die Situation aktiv? Oder warten Sie ab, was passiert?

✔ Hängt es eher von Ihnen oder von Ihrem Hund (oder gar dem fremden Hund) ab, wie sich die ganze Sache entwickelt?

✔ Können Sie die Begegnung aktiv kontrollieren?

Der soziale Raum an der Leine

 **DAS GROSSE MISSVERSTÄNDNIS –
KONTROLLE ÜBER DIE LEINE**

In kaum einem Bereich der Hundeerziehung geht so viel schief, wie an der Leine. Und das ist ganz erheblich ein Problem der inneren Einstellung des Menschen.

Bisher habe ich immer wieder darauf hingewiesen, dass die wichtigsten Werkzeuge der Hundeerziehung im Wesentlichen darin bestehen, dass Sie soziale Mechanismen benutzen, die der Hund instinktiv versteht: Ressourcenkontrolle.

Ressourcenkontrolle ist aber nicht gleichbedeutend damit, den Hund auf Schritt und Tritt zu kontrollieren. Das Ziel ist es, eine Beziehung auf gegenseitigem Vertrauen aufzubauen, so dass der Hund sich von sich aus dem Menschen anschließt und ihm folgt. Nicht weil er dazu gezwungen wird, sondern weil es gut und sinnvoll für ihn ist.

Solange Sie die Leine einfach nur als Freiheitsbeschränkung auffassen und benutzen, hat der Hund aber gar keine Möglichkeit, sich aktiv dazu zu entscheiden, Ihnen zu folgen. Es bleibt ihm zwar nichts anderes übrig, wenn er an der Leine ist. Aber er kann nichts dabei lernen.

Zuerst einmal ist die Leine wohl erfunden worden, um den Hund am Weglaufen zu hindern. Ein reines Instrument der Machtausübung. Das passt nicht zur Selbstwahrnehmung vieler Hundebesitzer, und so wird die Leine oft allenfalls als ein notwendiges Übel gesehen. Sie wird assoziiert mit Freiheitsberaubung und gewaltsamer Einwirkung. Man möchte die Leine am liebsten gar nicht benutzen. Fast alle meine Kunden äußern als eine der wichtigsten Erwartungen, den Hund möglichst viel frei laufenlassen zu können. Ein schöner Wunsch. Natürlich gehört Freilauf zum Hundeleben dazu, aber was vermitteln wir unserem Hund mit dem Gedanken: »Hier muss ich dich leider anleinen«? An der Leine ist der Spaß zu Ende? Nur ohne Leine kann sich ein Hund wohl fühlen?

Machen Sie sich klar, dass Hunde Meister darin sind, unsere Absichten und Gefühle zu lesen. Nicht nur, was wir tun, zählt, sondern auch, wie und warum wir es tun. Manchmal kommt es einem so vor, als könne der Hund Gedanken lesen. Und welchen Reim macht sich der Hund wohl auf Ihre Gedanken über die Leine? »Die Leine ist etwas Beunruhigendes. Ich ignoriere sie, so gut ich kann. Oder ich wehre mich dagegen und versuche, sie so schnell es geht loszuwerden. Wenn das nicht klappt, muss ich eben versuchen, mich mit all meiner Kraft zu entziehen ...« Jetzt fühlen sich Mensch und Hund unwohl und unsicher an der Leine. Es wird gezogen, geschimpft, gekämpft. Das bedeutet Stress. Viele Hundehalter, deren Hunde Probleme an der Leine machen, erzählen, der Hund sei ganz friedlich, sobald er frei laufen »darf«. Ist die Leine das Problem? Nein, es ist die Einstellung der beiden Lebewesen, die durch sie verbunden sind.

Durch die negative Einstellung zur Leine entsteht eine Konkurrenzsituation – ein Tauziehen zwischen zwei Lebewesen. Und sobald Sie sich mit Ihrem Hund auf eine Konkurrenzsituation einlassen, beschädigen Sie die Beziehung. Statt: »Bei mir bist du sicher« sagen Sie ihm:

»Ich bin der Stärkere – du kannst nicht weg!«
Das ist die falsche Grundlage für eine funktionierende, für beide Partner angenehme und
befriedigende Beziehung.

Überprüfen Sie mal Ihr Verhältnis zur Leine.
Welche Assoziationen verbinden Sie mit diesem Ausrüstungsgegenstand? Negative?
Gleichgültige?

Versuchen Sie, eine positive Einstellung
zur Leine zu entwickeln, und Ihrem Hund in
Gedanken folgendes mitzuteilen:

- An der Leine kannst du dich sicher fühlen!
- Durch die Leine kann ich mich dir mitteilen,
  so dass du besser verstehst, was ich von
  dir erwarte. Wir können miteinander kommunizieren.
- An der Leine kann man sich entspannen
  und wohlfühlen.
- Es ist schön, durch die Leine miteinander
  in Verbindung zu stehen. Sie bedeutet: Wir
  erleben etwas zusammen.
- Die Leine ist ein Symbol der Bindung zwischen uns.

**Die Veränderung des inneren Bildes wird schon
viel bewirken!**

Das Missverständnis besteht darin, zu glauben, dass die Leine in erster Linie dazu da ist,
dass der Hund nicht wegläuft. Das ist aber
nicht Kontrolle im positiven Sinne von Verantwortung und Führung übernehmen, sondern einfach Kontrolle im negativen Sinne von
Zwang. Leider geben aber viele Hundebesitzer
ihre echte, emotionale und durch Erziehung
gefestigte Bindung zu ihrem Hund auf, sobald
die künstliche Verbindung durch die Leine ins
Spiel kommt. Statt Mensch und Hund zu verbinden, trennt die Leine.

Hier besteht keine harmonische
Verbindung zwischen Andrea
und Melli.

Check: Ihre Einstellung zur Leine ✔

✔ Passen Sie ganz genau auf: Bleiben Sie für Ihren Hund präsent? Halten Sie die Kommunikation aufrecht, auch und gerade, wenn er an der Leine ist?

✔ Oder vertrauen Sie so sehr auf das Hilfsmittel Leine, dass Sie sich weniger oder gar nicht um eine echte Verbindung bemühen?

✔ Packen Sie einfach nur fester zu, nehmen den Hund kürzer, um die Kontrolle nicht zu verlieren? Oder suchen Sie die Kommunikation mit dem Hund?

✔ Wie wäre es, wenn die Leine nur ein Bindfaden wäre?

Hier sind viel Gefühl für das eigene Verhalten und die eigene Einstellung gefragt. Wie immer ist es auch in diesem Fall ganz entscheidend, nicht die Form mit dem Inhalt zu verwechseln. Versuchen Sie nicht, künstlich eine angestrebte Schablone zu füllen, sondern spüren Sie der echten Verbindung nach. Ob Ihr Hund es vorzieht, etwas vor oder hinter Ihnen zu laufen, ob er gerne dicht am Bein läuft oder etwas Abstand wahrt, ob er oft hochschaut oder Sie nur aus den Augenwinkeln betrachtet, all das hat mit der Situation und der Persönlichkeit des Hundes zu tun. Dafür gibt es keine Vorschriften (wir sind jetzt beim ganz normalen Spaziergang, nicht bei der Begleithundeprüfung!). Wichtig ist, ob er einträchtig mit Ihnen geht, ob Sie sich beide wohlfühlen und eine Verbindung haben.

Achten Sie genau darauf, wie Sie mit der Leine umgehen. Schon, wie Sie sie halten, sagt viel aus. Fest umklammert, verkrampft, wie einen Fremdkörper? Unordentlich verknotet, irgendwie um die Hand gewickelt? Weit vom Körper gestreckt? Die Leine ist ein Werkzeug, das eine feine Handhabung aus dem lockeren Handgelenk erfordert, keine Krafteinwirkung. Gehen Sie bewusst und reflektiert damit um. Lockeres Laufen an der Leine klappt nicht immer auf

Anhieb. Aber die Veränderung Ihrer inneren Einstellung ist dabei ein wichtiger Schritt. Begreifen Sie den durch die Leine vorgegebenen Spielraum als den sozialen Raum, den Sie durch Ihre Führung gestalten. Und wenn Sie an anderer Stelle an der Aufmerksamkeit Ihres Hundes gearbeitet haben, werden Sie es an der Leine schon bald sehr viel leichter haben, mit Ihrem Hund zu kommunizieren.

EINER FÜHRT – DIE ANDEREN FOLGEN!
Wenn ein Wolfsrudel wandert, bewegen sich alle gemeinsam fort. Die Rudelführer geben klar und deutlich die Richtung an und überlassen es den Jungen, zu folgen. Sie passen nicht auf jeden Schritt auf und warten auch nicht. Wer trödelt, ist selbst schuld. Er riskiert seine eigene Sicherheit! Es liegt im Interesse der Jungwölfe, den Eltern zu folgen und in ihrer Nähe zu bleiben. Mit derselben Selbstverständlichkeit erwarten auch Sie, dass Ihnen Ihr Hund folgt. Ihn ständig mit Kommandos zu bombardieren und dauernd auf ihn einzuwirken ist ebenso falsch, wie jeden Schritt zu loben. Sie gehen, der Hund geht mit – fertig.

DEN SOZIALEN RAUM AN DER LEINE DEFINIEREN

Weiß Ihr Hund, welchen Sinn die Leine hat? Versteht er, dass Sie damit den Raum vorgeben, in dem er sich bewegen darf?

Erklären Sie es ihm!

Die Schleppleine ist ein wunderbares Hilfsmittel für die Hundeerziehung. Es erlaubt dem Hund, sich frei zu bewegen, auch wenn Freilauf nicht möglich ist. Aber die Schleppleine kann viel mehr als das. An der Schleppleine lernt Ihr Hund, genau zu beobachten, was Sie tun und darauf zu reagieren. Richtig eingesetzt, ist das Schleppleinentraining Aktion-Reaktion in Reinkultur.

Der Mensch agiert – der Hund reagiert. So muss es sein, wenn Ihr Hund Ihre Führung anerkennen soll. Zeigen Sie Ihrem Hund klar und deutlich, was Sie von ihm wollen. Und erwarten Sie eine Reaktion.

Für das Schleppleinentraining benutzen Sie am besten eine Schleppleine aus stabilem, breitem Gurtmaterial mit ca. fünf Metern Länge. Eine Leine, die sich automatisch aufrollt, ist ungeeignet! Der Hund trägt ein breites Halsband oder ein Geschirr.

Üben Sie zuerst an einem Ort mit relativ wenig Ablenkung und wenigen Hindernissen sowie viel Platz. Eine Wiese oder ein Feldweg wären ideal. Legen Sie die Schleppleine an. Lassen Sie die komplette Länge der Schleppleine auf den Boden fallen. Behalten Sie nur das Ende der Leine in der Hand. Fassen Sie nicht nach, verändern Sie die Länge der Leine nicht. Halten Sie wirklich immer nur das Ende in der Hand. Achten Sie genau darauf! Die meisten Menschen haben erstaunliche Schwierig-

keiten damit, die Leine einfach nur über den Boden schleifen zu lassen. Am besten bitten Sie jemanden, Sie zu beobachten und zu korrigieren, wenn Sie schon wieder unbewusst die Leine in der Hand aufwickeln.

BITTE NICHT SO!

Laufen Sie nun einfach kommentarlos los. Überlassen Sie es dem Hund, ob und wohin er läuft. Gehen Sie nur einfach entschlossen und zielgerichtet los, ohne den Hund zu beachten. Gehen Sie zügig, in einer aufgerichteten, geraden Körperhaltung und lockeren Armen und Händen. Beobachten Sie den Hund nur aus den Augenwinkeln.

Noch **bevor** nun Zug auf die Leine kommt – egal, in welche Richtung Ihr Hund sich bewegt – wechseln Sie die Bewegungsrichtung um mindestens 90 Grad, entgegen der Bewegungsrichtung Ihres Hundes. So entschlossen und »zackig« wie möglich. Keine sanften Kurven, sondern überdeutliche Richtungswechsel, mit dem ganzen Körper ausführen. So ist Ihre Körpersprache für den Hund gut lesbar.

Schauen Sie sich dabei überhaupt nicht nach dem Hund um, warten Sie auch nicht auf ihn. Wenn der Hund Ihnen nicht folgt, gehen Sie trotzdem einfach weiter. Wenn Ihr Hund in die Leine läuft oder einfach stehen bleibt, um zu schnüffeln, geben Sie nicht nach. Ziehen aber auch nicht auffordernd. Gehen Sie einfach weiter. Ohne den Hund zu rufen, ohne sich nach ihm umzuschauen und auf jeden Fall, ohne stehen zu bleiben. Sie gehen einfach weiter, aufrecht, locker, zügig mit nur dem Ende der Leine in Ihrer Hand. Die Leine sorgt dafür, dass der Hund Ihnen folgen muss. Sie stellt nun einfach eine natürliche Begren-

zung dar. Wenn der Hund jetzt seinerseits die Richtung wechselt, wiederholen Sie das ganze Spiel. Kurz bevor er wieder ans Ende der Leine kommt, wechseln Sie erneut Ihre Bewegungsrichtung entgegengesetzt zu der des Hundes. Bleiben Sie nicht stehen, wenn der Hund stehen bleibt! Machen Sie das so lange, bis Sie merken, dass der Hund anfängt, sich an Ihnen zu orientieren und seine Bewegungsrichtung selbstständig der Ihren anzupassen, bevor die Leine ihn dazu zwingt. Der Hund wird sehr schnell anfangen, Sie zu beobachten, um Ihren Richtungswechseln folgen zu können, bevor die Leine unter Zug gerät.

Hier habe ich Buddy an der Schleppleine. Er will in die eine Richtung, ich gehe ganz betont in die andere. Bei den folgenden Richtungswechseln passt Buddy besser auf und folgt mir bald von sich aus.

Buddy mit Heike. Man merkt sofort, dass das für Buddy etwas ganz anderes ist. Schließlich ist Heike seine Bezugsperson. Buddy reagiert bereitwillig auf Heikes Körpersprache und folgt ihren Bewegungen. Die Leine schleppt in voller Länge auf dem Boden nach. Schon bald strahlen die beiden eine ganz selbstverständliche Synchronität aus. Diese – anfangs noch seltenen – Momente sind das Ziel! Verlieren Sie es nie aus den Augen.

Belga ist erst einmal mit Schnüffeln und Wittern beschäftigt. Solange die Leine locker ist, kann sie das auch tun, aber dann muss sie mit. Anna bleibt nicht stehen und wartet, sondern geht weiter und führt mehrere überdeutliche Richtungswechsel aus. Belga wird bald aufmerksamer.

Belga fühlt sich am wohlsten, wenn sie ein paar Schritte vor Anna gehen darf. Solange Sie dabei aufmerksam bleibt, sich an Anna orientiert und nicht fix nach vorne starrt, ist das völlig in Ordnung.

WAS PASSIERT EIGENTLICH BEIM SCHLEPPLEINEN-TRAINING?

Wenn Sie es richtig machen, hat Ihr Hund beim Schleppleinentraining eine echte Chance, zu lernen. Er kann erkennen, dass Sie den gemeinsamen Raum klar vorgeben.

Dabei kommt es darauf an, dass Sie im richtigen Moment handeln und der Richtungswechsel kommt, **BEVOR** der Hund das Ende der Leine erreicht hat und Zug entsteht.

Was würde passieren, wenn Sie warten, bis der Hund das Ende erreicht hat und erst dann die Richtung wechseln? Sehr wahrscheinlich würde der Hund noch ein bisschen weiterziehen und mit der Zeit lernen, seine ganze Kraft dazu einzusetzen. (Wenn Sie einen 40-Kilo-Hund haben, liegen Sie auf der Nase.)

Was jetzt? Entweder würden Sie dem Zug notgedrungen nachgeben, langsamer werden oder stehen bleiben, um sich nach dem Hund umzudrehen. Der Hund hat agiert, Sie reagieren. Er wird in seiner bisherigen Erfahrung bestätigt, dass er sich dem Zug erfolgreich widersetzen kann.

Oder Sie wechseln doch noch die Richtung – und liefern sich ein Tauziehen mit dem Hund. Natürlich können Sie das gewinnen: Sie wechseln die Richtung, durch den Zug an der Leine muss der Hund so oder so mit. Das sieht jetzt fast so aus wie es sein soll, oder? Schließlich folgt der Hund ja nach und das Ziehen hört auf. Aber nur bis zum nächsten Richtungswechsel! Dann passiert dasselbe. Mit dieser Methode könnten Sie endlos weitermachen, der Lerneffekt bleibt aus. Ein Tauziehen folgt auf das nächste. Sie haben dem Hund nämlich die wichtigste Information vorenthalten,

die er braucht, um zu lernen. Nur wenn er die Chance hat, den Richtungswechsel zu erkennen, bevor die Leine unter Zug kommt, kann er selbst aktiv etwas dafür tun, dass gar nicht erst unangenehmer Druck auf die Leine kommt. Wenn Sie nur drei oder vier Mal deutlich die Richtung wechseln, solange die Leine noch auf dem Boden schleppt, haben die meisten Hunde schon verstanden, was sie tun müssen, um das Ziehen zu vermeiden.

Überdeutliche Richtungswechsel, **bevor** die Leine unter Zug kommt, sind der Schlüssel zum Erfolg.

Dadurch hat der Hund aktiv gelernt, er hat selbst eine Lösung für sein Problem gefunden. Er kann Stress vermeiden, indem er rechtzeitig auf die Bewegungsrichtung des Menschen reagiert. Das ist sehr viel wirkungsvoller, als wenn er immer nur eine Chance bekommt, zu reagieren, wenn der Stress – der Leinenzug – schon da ist. Der Hund soll nicht lernen, auf Zug zu reagieren, er soll lernen, auf Sie und Ihre Körpersprache zu reagieren. Das kann er nur, wenn die Körpersprache deutlich VOR dem Leinenzug kommt.

SCHLEPPLEINENTRAINING AUSGEBAUT

Wenn das Grundprinzip verstanden ist, können Sie den Schwierigkeitsgrad erhöhen.

Verändern Sie die Länge der Leine. Der Hund soll ja nicht auf einen immer gleichen 5-Meter-Radius trainiert werden, sondern auch auf kürzerer Distanz locker laufen und auf den Menschen achten. Sehr viele Hunde nutzen schon bald den Spielraum der Leine von sich aus nicht voll aus, sondern bleiben näher beim Menschen. Trotzdem bleibt es dabei, dass Sie nicht die Länge der Leine ständig durch Nachfassen an die Bewegung des Hundes anpassen! Vielmehr geben Sie klar eine Länge vor und erwarten von Ihrem Hund, dass er sich anpasst.

Verändern Sie die Leinenlänge nicht ständig, sondern fassen Sie sie in einer bestimmten Länge. Legen Sie z.B. erst eine große Schlaufe in Ihrer Hand, dann wird die Leine etwa einen Meter kürzer. Behalten Sie diese Länge bei und wiederholen Sie nun die bisherigen Lernschritte mit der neuen Leinenlänge. Je besser das klappt, umso schneller hintereinander können Sie die Leinenlänge variieren und umso kürzer können Sie bald die Leine fassen. Je kürzer die Leine wird, umso anspruchsvoller wird die Aufgabe! Überfordern Sie Ihren Hund nicht, indem Sie die Anforderungen zu schnell steigern. Achten Sie darauf, dass er eine Aufgabe lösen kann, bevor Sie sie schwieriger machen.

Wenn Ihr Hund an der kürzeren Leine schlechter reagiert, sollten Sie also nicht die Leine noch kürzer nehmen, um ihn besser kontrollieren zu können. So entsteht sofort Stress! Im Gegenteil, Ihr Hund braucht mehr Spielraum. Auf kurze Distanz ist es für den Hund viel schwieriger, Ihre Körpersprache zu lesen. An der langen Leine hat er mehr Zeit, richtig zu reagieren.

WAS HAT DAS MIT DER BEZIEHUNG ZU TUN?

Das ist also die Technik des Schleppleinentrainings. Dazu gehört eine lange Liste von Dingen, die Sie nicht tun sollten:

- Sich nach dem Hund umschauen
- Mit dem Hund sprechen
- Kommandos geben
- Loben
- Korrigieren
- Einwirken
- Belohnen

De facto – so scheint es – sollen Sie Ihren Hund einfach nur ignorieren. Wie kann das die Beziehung zu Ihrem Hund verbessern?

Viele Menschen verwechseln Beziehung mit einem ständigen Zur-Schau-Stellen von Zuneigung, Kommunikation mit einem ständigen Absondern von Wörtern und Belohnungen. Da wird der Hund unablässig angefasst und gestreichelt, permanent gefüttert und mit einem Strom von verbalen Äußerungen bedacht »Ja, so ist es gut, braver Hund, ist doch alles Okay, reg dich nicht auf, jetzt hör doch, warum hörst du nicht ...« Tut er nicht, was er soll, wird er körperlich geschoben, gezogen, gedrückt.

All das hat nichts mit Beziehung und nichts mit Kommunikation zu tun. Wer ständig einwirkt, zu viel redet, den Hund dauernd anfasst, ziellos belohnt, nervös und angespannt ist, verstopft alle Kommunikationskanäle. Der Hund kann nichts verstehen und nichts erwidern. Neben all dem, was wir für sinnvolle Kommunikation halten, senden wir auch noch jede Menge unbewusster Kommunikation aus. Eine verkrampfte Körperhaltung, fahrige Bewegungen, schrille Stimme, beschleunigte Atmung, Nervosität ... all das vermittelt sich dem Hund. Und auch emotionale »Knoten im Bauch« spürt der Hund: Enttäuschung, Wut, Angst, Unsicherheit.

Ingesamt ist das viel zu viel Information. Der Hund kann nur tun, was sehr viele Hunde tun, nämlich den »Dauerbeschuss« ignorieren.

Es gilt also: Weniger ist mehr. Mit richtig ausgeführtem Schleppleinentraining machen Sie verstopfte Kanäle wieder auf. Sie lassen alle menschlichen Kommunikationsversuche weg. Sie wirken nicht über die Leine ein. Sie konzentrieren sich darauf, aufrecht, zielgerichtet, entschlossen und dabei locker zu gehen. Sie müssen nicht ständig krampfhaft auf den Hund starren, jede Bewegung registrieren. Sie können sich selbst entspannen. So übertragen sich auch viel weniger unbewusste Störsignale. Alles, was bleibt, ist Ihre Körpersprache.

Hunde kommunizieren zum größten Teil über Körpersprache. Das ist es, was der Hund wirklich verstehen kann. Jetzt plötzlich kann er lesen, was Sie von ihm wollen und er kann antworten. Er kann seine Bewegungen, seine Körpersprache der Ihren anpassen. Ihre Körpersprache ist eine Einladung, Ihnen zu folgen.

Das ist der erste Schritt zu einer ganz selbstverständlichen inneren Verbindung. Diese innere Verbindung ist das, was sich jeder Hundebesitzer wünscht.

Wenn Sie den sozialen Raum kontrollieren können, haben Sie den Rahmen dafür schon geschaffen.

Natürlich müssen Sie nicht den ganzen Spaziergang so »stumm« gestalten. Unterbrechen Sie ab und zu, holen Sie den Hund zu sich (noch eine gute Gelegenheit, den Rückruf zu trainieren!), spielen Sie, bauen Sie eine Arbeitssequenz ein. Laden Sie den Hund ein, sich mit Ihnen zu beschäftigen. Dann geht es aber wieder weiter, mit der Erwartung, dass der Hund Ihnen selbstverständlich folgt.

LADEN SIE DEN HUND EIN, ZU FOLGEN.

DER GRÖSSTE WUNSCH VON UNGEFÄHR 99 % MEINER KUNDEN: »ICH MÖCHTE EINFACH NUR DEN HUND BEI MIR HABEN, EGAL OB MIT ODER OHNE LEINE, ER GENIESST DEN SPAZIERGANG GENAUSO WIE ICH ...« Zwei Lebewesen im Gleichklang. Totale Harmonie. Der Hund, mein bester Freund. Versteht mich ohne Worte. Ist immer für mich da ...

Was man gerne vergisst: Das ist das Ziel. Und es liegt erst einmal in weiter Ferne! Es ist nicht der Ausgangspunkt. Eine innere Verbindung zwischen Hund und Mensch ist das Ergebnis einer langen gemeinsamen Geschichte, Weiterentwicklung und Arbeit. Man bekommt sie nicht geschenkt.

Manche Menschen finden leichter einen intuitiven Zugang zu ihrem Hund als andere. Manche Hund-Mensch-Teams passen sehr gut zusammen und finden sehr schnell ihre innere Übereinstimmung. Andere kämpfen jahrelang um die seltenen harmonischen Momente (und finden sie erst, wenn sie aufhören zu kämpfen ...). Wenn man einmal mit einem Hund eine echte Verbindung erreicht hat, ist es unglaublich schwierig, sich wieder ganz neu auf die Entwicklung mit einem anderen Hund einzulassen. Wer die Harmonie kennt, vermisst sie sehr schmerzhaft.

Diese innere Verbindung hat ganz viel gemeinsam mit dem, was mit dem eher technischen Terminus »Bindung« gemeint ist. Bindung kann man aufbauen, herstellen, vertiefen ... eine innere Verbindung aber kann man nur suchen, finden, fühlen. Es lohnt aber nicht, darüber Haare zu spalten, was womit genau gemeint ist – fühlen Sie einfach hin. Nennen Sie es Gleichklang, Synchronität, Übereinstimmung, Bindung oder Verbindung. Wenn Sie es finden, wissen Sie: Das ist es!

Die bisher vorgestellten Werkzeuge sind wichtige Schritte auf dem Weg hin zu einer inneren Verbindung. Die Handfütterung legt die Basis für die Bindung. Der Hund wird aufmerksam, lernbereit, offen. Er hat erfahren, dass der Mensch die Verantwortung für den gemeinsamen sozialen Raum übernimmt, für die Sicherheit sorgt und den Weg zeigt. Alles Voraussetzungen dafür, dass der Hund sich auf eine echte Verbindung einlässt.

Und jetzt möchte ich die ganze Sache auch mal auf den Kopf stellen und behaupten: Sie können die innere Verbindung auch ganz bewusst als Werkzeug auf diesem Weg einsetzen. Das ist schwierig und nicht mechanisch zu erlernen, aber auch ungemein wirkungsvoll und befriedigend für Hund und Mensch. Denn der Hund braucht die innere Verbindung genauso wie der Mensch. Ihr Fehlen schmerzt ihn so sehr wie uns. Indem wir seinen Wunsch erkennen und ihm entgegenkommen, immer wieder das Angebot machen, eine Verbindung einzugehen, binden wir den Hund an uns. Dafür gibt es keine Schritt-für-Schritt-Anleitung. Alles, was Sie tun können, ist, den Hund immer wieder einzuladen, sich auf Sie einzulassen. Eine innere Verbindung braucht Ruhe, Souveränität, Respekt voreinander. Das ist das wichtigste überhaupt. Wenn Sie wütend sind, wenn Sie aufgeregt sind, wenn Sie sich auf Konkurrenzspielchen um Macht und »Dominanz« einlassen, wenn Sie sich und Ihren Hund in eine Schablone pressen, dann zerstören Sie die innere Verbindung. Um dieses »Werkzeug« einsetzen zu können, müssen Sie ganz erheblich an sich selbst arbeiten! Jeder von uns hat viele Unzulänglichkeiten, das ist völlig normal. Entscheidend ist, unsere Schwächen zu erkennen und daran zu arbeiten, statt sie zum Problem werden zu lassen, für uns und für den Hund.

DAS AUSSTRAHLUNG ZÄHLT

Es gibt drei wichtige Punkte, an denen man immer wieder intensiv arbeiten muss, wenn man einen Hund wirklich gut, souverän und fair führen möchte. Sie entscheiden darüber, was wir ausstrahlen, welche Informationen wir unbewusst aussenden. Diese Ausstrahlung überlagert die bewusste Kommunikation und kann ihr im Weg stehen.

Stress erkennen und abbauen: Immer wieder und wieder konnten Sie in diesem Buch lesen: Bleiben Sie ruhig. Kein Stress. Entspannen Sie sich. Leichter gesagt als getan, oder? Aber mit Stress und Frust richtig umzugehen, kann man lernen.

Achten Sie auf sich, lernen Sie Ihre Reaktionen auf Stress kennen. Achten Sie auf Ihren Hund: Er zeigt Ihnen, wann Sie gestresst sind, selbst wenn es Ihnen noch gar nicht bewusst ist! Er wird Blickkontakt vermeiden. Er wird schlechter reagieren und unaufmerksam sein. Er wird sich in Ihrer Nähe nicht wohl fühlen. Er wird auf der Hut sein. Ein ruhiger Kandidat wird versuchen, Sie einfach auszublenden. Ein lebhafterer Hund wird selbst nervös und unkonzentriert. Ärgern Sie sich nicht darüber, wenn Ihr Hund ein solches Verhalten zeigt, sondern überprüfen Sie sich selbst. Wenn Sie merken, dass der Stresspegel steigt: Unterbrechen Sie die Situation, werden Sie zuerst wieder ruhig. Konzentrieren Sie sich auf Ihren Atem. Lächeln Sie! Lächeln löst den Stress. Auch wenn Sie sich zuerst dazu zwingen müssen, weil Ihnen nicht nach Lächeln zumute ist: es hilft.

Melli und Andrea beim Gruppentraining. Mit einem Lächeln lässt sich die für beide zuerst einmal stressige Situation besser bewältigen!

Suchen Sie für sich nach Wegen aus dem Stress. Sport, autogenes Training, Yoga – was immer Ihnen gut tut. Das Erlernen von Atemtechniken ist ungemein hilfreich, um Stress gezielt kontrollieren zu können. Stress ist normal und gehört zum Leben dazu. Aber wer Hunde souverän führen will, muss mit Stress aktiv und bewusst umgehen können. Sonst bürden Sie Ihren eigenen Stress Ihrem Hund auf. Das ist unfair und es blockiert Ihre Beziehung.

Körperbeherrschung: Ihr Hund reagiert ganz unmittelbar auf Ihre Körpersprache. Nicht nur auf bewusste Signale oder Handzeichen, sondern auf Ihre gesamte Ausstrahlung. Verkrampfte Hände, angespannte Armmuskeln, eine gebückte Körperhaltung, zusammengekniffene Augen, flacher Atem – all das ist Information für den Hund. Es sagt ihm, dass Sie unsicher und angespannt sind. Kein guter Anführer! Sie müssen in der Lage dazu sein, mit Ihrem Körper Sicherheit auszustrahlen. Mit einem offenen Gesichtsausdruck und einem Lächeln, aufgerichtetem Gang, lockeren Händen und Armen, einem tiefen, ruhigen Atem. Kontrolle über den eigenen Körper ist ungemein wichtig!

Entspannt sein bedeutet aber nicht, schlaff und müde herumzuschlurfen. Sie müssen kein Sportler sein, aber Sie sollten sich um eine positive Körperspannung und aktive Ausstrahlung bemühen, damit Ihr Hund nicht alles andere interessanter findet. Wer Übereinstimmung zwischen sich und seinem Hund anstrebt, muss ein Gefühl dafür entwickeln, was sein Körper gerade tut. Ihr Hund hilft Ihnen dabei. Er gibt Ihnen sofortige Rückmeldung, ob Sie gerade eine positive Körperspannung haben (der Hund findet Sie interessant, wirkt selbst wach), ob Sie zu angespannt sind (der

Hund ist ebenfalls angespannt und unruhig) oder zu wenig Energie ausstrahlen (der Hund ist desinteressiert und abgelenkt). Hören Sie auf ihn! Nur so können Sie mit Ihrem Hund wirklich kommunizieren.

Die richtige Einstellung: Geben Sie sich Mühe, diffuse, unbewusste Emotionen zu erkennen und damit umzugehen. Enttäuschung, Ärger, Hilflosigkeit, Überforderung, Unzufriedenheit – all das brodelt unter der Oberfläche und steht Ihrer Beziehung zum Hund im Weg. Aber auch Bequemlichkeit, Lustlosigkeit, mangelnde Motivation des Menschen, die fehlende Bereitschaft, an sich zu arbeiten, Neues zu lernen, sich weiterzuentwickeln, verhindert eine wirklich gute Beziehung.

Gehen Sie ganz bewusst mit Ihren Gefühlen um. Nur so können Sie dem Hund gegenüber fair bleiben. Auch wenn es schwierig wird und der Hund mal nicht Ihren Erwartungen entspricht: Sie haben sich für den Hund entschieden und müssen nun zu dieser Entscheidung stehen (oder sich von Ihrem Hund trennen). Machen Sie sich klar, woher negative Emotionen kommen und arbeiten Sie daran. Öffnen Sie sich emotional für Ihren Hund, lernen Sie ihn kennen, fordern Sie ihn, aber bleiben Sie immer fair. Niemand ist perfekt. Fehler sind nötig, um sich weiterzuentwickeln. Suchen Sie Fehler immer zuerst bei sich selbst!

Der Schlüssel zur inneren Verbindung ist Kommunikation. Sinnvolle, für den Hund verständliche, bewusste Kommunikation. Wenn Sie Ihren eigenen Stress im Griff haben, Ihren Körper beherrschen und sich Ihrer unterschwelligen emotionalen Signale bewusst sind, können Sie eine Menge ungewollter Störsignale abstellen. Jetzt geht es darum, aktiv, bewusst und hundegerecht zu kommunizieren. Das kann man lernen.

NICHT QUATSCHEN – NICHT TATSCHEN

Wir sind Menschen. Wir drücken unsere Zuneigung gerne durch ständiges Berühren und Anfassen aus und wir benutzen unsere Stimme als wichtigstes Kommunikationsmittel.

Hunde sind anders. Hunde umarmen sich nicht, berühren sich während aktiver Phasen nicht häufig oder lange und benutzen relativ wenige Lautäußerungen im Vergleich zum Menschen. Das ist nichts Neues. Es fällt nur vielen Menschen wirklich schwer, danach zu handeln. Tatschen und Quatschen stört die Kommunikation mit dem Hund ganz erheblich. Hunde können sich zwar zu einem gewissen Grad auf unsere Art der Kommunikation einlassen. Wir sollten aber nicht zu viel verlangen. Kommen Sie Ihrem Hund lieber ein Stück entgegen.

Ich bin kein vehementer Verfechter davon, mit Hunden ausschließlich nonverbal zu kommunizieren. Die meisten Menschen schaffen es einfach nicht, ganz auf Ihre Stimme zu verzichten. Sprache ist zu sehr ein Teil von uns. Es spricht auch überhaupt nichts dagegen, den Hund auf seinen Namen und bestimmte Kommandos zu trainieren, wenn Sie dabei konsequent und eindeutig sind.

Es gibt außerdem einige Lautäußerungen, die Ihr Hund instinktiv richtig erkennt. Wenn Ihr Welpe beim Spielen zwickt und Sie schrille Schreie ausstoßen, wird er das verstehen. Ebenso können Hunde eine verbale Ermahnung verstehen – einen kurzen (!) Laut des Missfallens, Na! oder Hey!, können Hunde an der Stimmlage (tief, grummelnd – wie ein Knurren) durchaus erkennen und richtig einordnen. Hunde reagieren auch auf begeistertes Lob. Eine hohe Stimme drückt Freude aus. Wenn

Sie mit einer tiefen, unbewegten Stimme loben, kommt nicht viel davon beim Hund an. Scheuen Sie sich nicht, vor Freude zu »quietschen«. Für Ihren Hund ist so ein echtes Stimmlob viel mehr Bestätigung als ein monotones »brav!«.

> **TIPPS ZUM THEMA SPRECHEN UND STIMME:**
>
> ❧ Experimentieren Sie mit unterschiedlichen Stimmlagen. Finden Sie selbst heraus, worauf Ihr Hund positiv reagiert und was er Respekt einflößend findet.
>
> ❧ Wenn das Sprechen für Sie ein Stress-Ventil ist (Hilfe, da vorne kommt ein Hund!), dann holen Sie tief Luft und fangen an zu singen. Das nervt den Hund weniger, als wenn Sie auf ihn einreden und sorgt für einen ruhigen Atem.
>
> ❧ Flüstern Sie! Das macht das Sprechen bewusster, verdeckt mitschwingende Emotionen und zwingt Sie dazu, leise und deutlich zu sprechen. Hunde haben gute Ohren! Ihr Hund wird das Flüstern nicht nur hören, sondern auch interessant finden.

Problematisch ist die Menge an Information, die wir mit unserer Stimme transportieren, ohne es zu wollen. Wer laut wird, macht Lärm, d.h. er bellt und animiert zum Mitbellen. Auch wenn er dabei »Aus!« sagt bzw. brüllt.

Die unbewusst mitgeschickte Information ist sehr viel stärker als das verbale Kommando. Ebenso wie unangepasste Lautstärke oder Stimmlage macht es ein verbaler Dauerbeschuss dem Hund unmöglich, die eigentlich (aus Sicht des Menschen) relevante Information herauszufiltern. Er wird abstumpfen und gar nicht mehr zuhören. Sprechen Sie nur gezielt mit Ihrem Hund, um klar definierte Kommandos zu geben oder ihn zu loben. Aber versuchen Sie nicht, den Hund zu überreden (na komm schon ... usw.) oder zu beruhigen (ist doch nicht so schlimm ...). Wenn Sie Ihren Hund motivieren oder beruhigen wollen, spielt Ihre Ausstrahlung und Körpersprache die entscheidende Rolle. Die eigene Unsicherheit und Anspannung kann man nicht mit Worten überdecken.

Wenn Sie bei der Arbeit mit dem Hund also nicht komplett verstummen wollen oder können, dann konzentrieren Sie sich darauf, nur das Nötigste zu sprechen. Werden Sie sich Ihrer Stimmlage und Lautstärke bewusst und halten Sie sie unter Kontrolle.

Was für zu viel Reden gilt, gilt ebenso für zu häufiges Anfassen. Es ist für einen Hund keine brauchbare Information, wenn er ständig berührt wird. Es verunsichert und stört sinnvolle Kommunikation. Statt Informationen zu übermitteln, produzieren Sie einfach nur nutzloses Rauschen in den Kommunikationskanälen. Fassen Sie Ihren Hund nicht dauernd an!

Natürlich mögen und brauchen Hunde auch Körperkontakt. Statt ständig irgendwie am Hund herumzufingern, sollten Sie ihn lieber ganz bewusst ab und zu zum Knuddeln einladen. Gerne auch mal als Pause während der Arbeit oder beim Spaziergang. Das ist Zeit zum Wohlfühlen, es tut der Bindung gut (vorausgesetzt, der Hund kommt freiwillig und genießt die Berührungen).

Den Rest der Zeit aber sollten Sie die Privatsphäre Ihres Hundes und seine Bewegungsfreiheit respektieren.

Körpersprache

Körpersprache, Ausstrahlung, Mimik – wie wichtig das alles ist, zieht sich durch dieses Buch. Körpersprache ist viel mehr, als einfach nur Kommandos nonverbal zu geben! Man kann Hunden alle möglichen Kommandos antrainieren. Ob Sie auf körperliche Signale oder Stimmkommandos konditioniert werden, ist im Grunde dasselbe. Es ist das Erlernen eines Tricks. Aber je klarer und sinnvoller Ihre körpersprachliche Kommunikation ist, umso direkter, ohne Umwege, versteht Ihr Hund Sie. Also: mehr Kommunikation, weniger Trick.

> 🐾 **Lob, Belohnung – positive Verstärkung jeder Art – spielt natürlich immer eine Rolle beim Lernen. Vor allem, weil es die Motivation erhöht und dem Hund eine Rückmeldung gibt: Richtig gemacht! Positive Verstärkung unterstützt die Kommunikation. Aber sie ist nicht die Kommunikation.**

Wenn der Hund auf ein Kommando nicht wunschgemäß reagiert, dann liegt das wahrscheinlich daran, dass Ihre Körpersprache widersprüchlich ist. Sind Sie unklar? Heben z.B. den Arm, beugen dabei aber den Oberkörper vor? Benutzen Sie mal die linke Hand, mal die rechte? Fuchteln Sie mit den Armen? Bleiben Sie nicht auf der Stelle stehen, sondern bewegen sich dem Hund hinterher? Zappeln, fuchteln, jede Art Unruhe stört die Kommunikation. Es signalisiert dem Hund: Geh lieber aus dem Weg! Wer weiß, was da als Nächstes kommt ... Also, wenn Ihr Hund nicht folgt, nervös wird, falsch reagiert: durchatmen, aufrecht hinstellen, neu anfangen.

Belga und Anna. Anna benutzt als Sitzkommando die erhobene Hand. Das ist schon mal in die richtige Richtung gedacht: Wenn der Hund nach oben schaut, senkt sich das Hinterteil.

Das Platzkommando zeigt nach unten, ebenfalls mit dem ganzen Körper.

Viel besser reagiert der Hund, wenn die ganze Körpersprache stimmt. Entscheidend ist die Aufrichtung im Oberkörper, aus dem Brustbein, wie hier überdeutlich dargestellt.

Falsch: Eine nach vorne gebeugte Haltung bringt den Hund dazu, nach hinten auszuweichen.

Vom Platz zurück ins Sitz: Damit Belga sich wieder aufrichtet, richtet sich zuerst Anna auf. Wenn der Hund darauf nicht reagiert, ist es falsch, den Hund nach oben zu ziehen oder sich wieder nach vorne zu beugen. Statt dessen behält Anna die Aufrichtung bei und stupst Belga mit dem Fuß an der Brust an, um ihr zu zeigen, dass Sie wieder aufstehen soll.

Falsch: Falk weicht zurück und ist verunsichert. Er fühlt sich bedrängt.

Die Bewegung des Menschen geht nach unten – hinten. Auch beim Kommando Platz darf man sich nicht über den Hund beugen. Er braucht den Raum nach vorne.

Richtig. Die Bewegung geht nach oben.

DER TANZBEREICH

Eine häufig zu beobachtende Situation: Wenn der Hund sich nicht auf das erste Sitz! hinsetzt, gehen viele Hundebesitzer einen Schritt auf ihn zu (vermutlich, um seine Aufmerksamkeit zu bekommen). Der Hund weicht zurück. Aus der Rückwärtsbewegung kann er sich gar nicht setzen. Der Mensch macht noch einen Schritt auf den Hund zu, der Hund weicht weiter zurück – usw.

Richtig ist: einen Schritt zurückgehen und sich aufrichten. Sie öffnen damit den Raum für den Hund nach oben und nach vorne, so dass er Platz hat, sich aufzurichten und nach vorne auszurichten: er sitzt.

Bei Platz! ist es umgekehrt: der Oberkörper des Menschen geht nach unten, der Hund folgt. Aber auch hier gilt: Nicht bedrohlich über den Hund beugen, sondern vor ihm blei-ben. Die Bewegung geht nach unten – hinten. Das Gleiche gilt, wenn der Hund kommen soll. In die Hocke oder rückwärts gehen lädt den Hund ein: Sie machen den Platz frei für ihn. Vorbeugen oder auf ihn zugehen treibt ihn weg.

Einen sehr aufmerksamen Hund können Sie über einen Abstand von vielen Metern durch Ihren Körper lenken – aber auch einen ängstlichen Hund ungewollt einschüchtern.

> Nähe bekommen Sie immer nur dadurch, dass der Hund zu Ihnen kommt, nicht dadurch, dass Sie zum Hund kommen. Es ist dasselbe Prinzip, das wir schon bei der Handfütterung und beim Aufbau von Berührungen kennen gelernt haben.

Falk muss meiner Körperbewegung ausweichen. Dazu muss er aufmerksam sein und die Körpersprache beobachten.

Hier mache ich den Raum frei und Falk folgt meiner Bewegung.

Dasselbe passiert natürlich, wenn der Hund neben Ihnen hergeht: Auch hier können Sie ihn in die gewünschte Richtung »drücken« oder »ziehen«, einfach dadurch, dass Ihr Körper Raum einnimmt oder freigibt. Das funktioniert natürlich nicht, wenn Sie sich über den Hund beugen und krampfhaft nach unten starren. Der Hund wird versuchen, sich aus dem Druck von oben zu befreien, indem er nach vorne, zur Seite oder nach hinten ausweicht. Statt ihm den Raum neben Ihnen zu geben, drücken Sie ihn weg. Mit unserem Körper kontrollieren Sie ein Stück Raum um sich herum. Wenn Sie sich dessen nicht bewusst sind, können Sie Ihren Hund nur allzu leicht völlig blockieren.

Es ist wie beim Tanzen: Die Tanzpartner müssen den Raum beachten, den der andere besetzt. Beide dürfen nicht unabsichtlich in den Raum des anderen eindringen, sonst treten sie sich gegenseitig auf die Füße. Vielmehr müssen beide ihre Bewegungen aufeinander abstimmen, indem sie erkennen, welchen Raum der andere gerade einnimmt oder im nächsten Moment einnehmen wird. Dort, wo der Führende Raum freigibt, folgt ihm der Geführte hin. Dort, wo der Führende hin will, geht ihm der Geführte aus dem Weg.

Wie beim Tanzen gibt es auch bei der Hundeerziehung einen, der führt und einen, der folgt. Aber wie beim Tanzen müssen beide Partner sich bewusst darüber sein, wo der eigene Raum aufhört und der des anderen anfängt. Nur so können Sie die Art, wie Sie sich bewegen, zur Kommunikation einsetzen. Es funktioniert allerdings nicht, dass der führende Partner den anderen wie eine Puppe einfach dahin schiebt und zieht, wo er ihn haben will. Das wäre unharmonisch, langsam und ziemlich anstrengend für den einen und entwürdigend für den anderen Tänzer.

> 🐾 **Körpersprachliche Kommunikation hat nichts mit körperlicher Einwirkung zu tun. Ganz im Gegenteil. Sie funktioniert nur, wenn beide Partner sich in Balance frei bewegen können und genug Platz haben, um einander wahrzunehmen. Den Hund am Halsband zu packen, an der Leine zu ziehen, das Hinterteil zum Boden zu drücken oder seinen Kopf zu fassen und umzudrehen, damit er Sie anschaut – all das empfindet der Hund als äußerst unhöfliches Eindringen in seinen »Tanzbereich«, es entmündigt ihn, schränkt seine Bewegungsfreiheit ein und blockiert die Kommunikation.**

Es ist vollkommen klar, dass das Tanzen dem Geführten auf diese Weise garantiert keinen Spaß macht, und er wird sehr schnell anfangen, sich zu widersetzen. Genau dasselbe tut ein Hund, der an der Leine zieht! Auch wenn es nicht von Anfang an klappt: Benutzen Sie die Leine nicht als Krücke. Denken Sie sich die Leine weg und konzentrieren Sie sich auf Ihre Körpersprache. Es dauert natürlich eine Weile, bis zwei Tanzpartner so gut aufeinander eingespielt sind, dass sie sich fließend und mühelos in voller Harmonie bewegen. Aber auch, wenn es ein weiter Weg zu diesem Ziel ist:

Das Grundprinzip greift immer, leider auch, wenn Sie sich dessen nicht bewusst sind. Wenn Sie Ihrem Hund keinen Raum geben, kann er nicht reagieren. Umgekehrt aber müssen Sie ihm auch klarmachen, dass Sie der führende Part sind. Wenn Sie Raum für sich beanspruchen, muss der Hund ihn freigeben.

Darauf müssen Sie bestehen – nicht grob, aber unbeirrbar. Ihr Tanzbereich ist nicht verhandelbar!

Wie viel Raum Sie kontrollieren und wie stark Ihr Hund darauf reagiert, hängt von Ihnen ab. Wenn Sie eine positive Körperspannung und Ausstrahlung haben, dann nimmt Ihr Hund Ihren Tanzbereich viel stärker wahr, als wenn Sie gleichgültig und gelangweilt sind. Schnelle Bewegungen können eine Sogwirkung haben, den Hund mitziehen, können den Hund aber auch wegscheuchen, besonders wenn sie hektisch und unklar sind. Wie ein Blick ebenso eine Drohung wie eine Einladung sein kann.

Oft war schon davon die Rede, den Hund zu sich einzuladen: Das bedeutet nichts anderes, als dass Sie Ihren Raum – den er im Normalfall respektieren soll – für den Hund öffnen.

Wie Ihr Hund auf Ihre körpersprachlichen Signale reagiert, hat sehr viel mit unbewussten Signalen zu tun. Wenn Sie lernen wollen, bewusst damit umzugehen, dann probieren Sie es einfach mit Ihrem Hund aus. Spüren Sie hin, wie er reagiert.

Die Hunde folgen der Körpersprache. Das geht – mit genug Übung – auch ohne Leine.

MITEINANDER GEHEN

Beim Schleppleinentraining ist es bereits angeklungen: Wenn der Hund das Angebot bekommt, sich auf Ihre Körpersprache einzulassen, wird er es auch annehmen. Statt unaufmerksam vorneweg zu laufen, wird er bald anfangen, sich Ihnen in seiner Bewegung anzupassen. Hund und Mensch gehen miteinander. Dieses Miteinander-Gehen ist der äußere Ausdruck einer inneren Verbindung. Es ist kein Trick. Sie können vielleicht den äußeren Anschein formen, indem Sie korrigieren oder bestärken – aber das bleibt eine Äußerlichkeit. Miteinander-Gehen kann man nicht wirklich abstrakt erlernen, man muss es fühlen. Das ist der Grund, warum ich nicht mit Futterlob

arbeite, um ein lockeres gemeinsames Gehen zu trainieren. Es gibt viele Dinge, die der Hund ganz abstrakt erlernen kann, durch Konditionierung mit positiver Verstärkung.

Aber das gemeinsame Gehen ist selbst die Belohnung. Es ist für den Hund genauso angenehm wie für den Menschen. Man muss es nicht zusätzlich verstärken. Im Gegenteil: Wenn die innere Verbindung, der Gleichklang der Bewegung gefunden ist, stört es nur, wenn Sie gleich wieder anfangen, zu reden, zu streicheln oder zu füttern. Ein freundliches Lächeln reicht! Genießen Sie einfach nur den harmonischen Moment. Der Hund wird es ebenso tun. Innere Harmonie und Synchronität lassen sich nicht einfach antrainieren. Wir können nur gemein-

Hier habe ich Belga an der Leine und erkläre ihr den Tanzbereich.

sam mit dem Hund danach suchen und immer wieder das Angebot machen: Schau auf mich, richte dich nach mir, geh mit mir gemeinsam!

Daran liegt es auch, dass harmonisches Laufen an der Leine immer von beiden, Mensch und Hund, gelernt werden muss – nicht nur vom Hund! Das ist nichts, was ein Hund eben »kann« oder »nicht kann«. Es kann gut sein, dass Ihr Hund an einem Tag locker und aufmerksam mit Ihnen läuft, aber am nächsten Tag wieder zieht. Achten Sie dann genau darauf, ob Sie sich anders verhalten als gestern. An der Leine gehen immer zwei. Das Team tut das gemeinsam – oder eben nicht. Sie müssen ebenso viel lernen, wie Ihr Hund, wenn Sie Harmonie erreichen möchten. Und jeder, der den Hund führen soll, muss es wieder für sich selbst erarbeiten.

Bei der Leinenführigkeit kommt es darauf an, dass Mensch und Hund sich aufeinander einlassen. Kommen Sie innerlich weg von der Vorstellung, dem Hund das Ziehen abgewöhnen zu wollen. Das führt nur dazu, dass Sie sich immer stärker auf das Problem fixieren. Ihre negative Erwartungshaltung macht es dem Hund schwer, sich auf Sie einzulassen. Arbeiten Sie mit dem Hund an der positiv formulierten Aufgabe: Wir gehen gemeinsam! Es geht – wie so oft – nicht darum, einen äußeren Anschein anzutrainieren. Harmonie ist nicht messbar. Es geht nicht darum, ob der Hund Zentimeter genau auf der Position neben Ihnen geht, oder etwas davor oder dahinter. Es geht auch nicht darum, dass er wie gebannt ständig zu Ihnen schauen soll. Entscheidend ist, dass er einen Teil seiner Aufmerksamkeit immer bei Ihnen hat. Selbstverständlich darf der Hund sich umsehen. Aber ist seine Aufmerksamkeit ständig nach vorne gerichtet, auf der Ausschau nach Hunden, Hasen oder ande-

ren interessanten Dingen? Oder hat er die Nase eigentlich dauernd nur am Boden? Dreht er sich nur auf Aufforderung zu Ihnen um oder sucht er den Kontakt auch von sich aus? Wenn er sich zu Ihnen umsieht, erwidern Sie seinen Blick dann?

SYNCHRONITÄT IST EIN NATÜRLICHES BEDÜRFNIS

Schauen Sie sich einen Schwarm Fische an. In perfekter Abstimmung bewegen sich hunderte, sogar tausende Individuen, wechseln die Richtung, das Tempo. Diese Synchronität ist überlebenswichtig. Nur in Schutz der Gruppe ist das Individuum vor Räubern sicher. Alles, was die Fische für diese perfekte Synchronität brauchen, ist, genau zu beobachten, in welche Richtung sich die benachbarten Individuen bewegen, und auf jede Veränderung zu reagieren. Alle sozialen Lebewesen haben die Fähigkeit und das Bedürfnis, das Verhalten anderer Individuen zu erkennen und zu spiegeln. Zwei Menschen, die sich sympathisch sind, fangen unwillkürlich an, ihre Bewegungen und ihre Körpersprache in Übereinstimmung zu bringen. Wenn wir einen Menschen treffen, mit dem wir überhaupt nicht synchron sind, haben wir sofort das Gefühl, dass man sich eben »nicht versteht«. Das Bedürfnis, mit einem anderen Individuum zum Gleichklang zu finden, ist tief in uns und unseren Hunden verankert. Es gibt ein Gefühl der Sicherheit und Geborgenheit, das ganz und gar aus dem Innersten kommt. Es ist das denkbar natürlichste Verhalten. Nichts daran ist abstrakt und antrainiert. Man muss es nicht lernen, man muss es nur finden und zulassen. Aber leider kann man es zerstören!

Das Fehlen der inneren Verbindung muss sich gar nicht in größeren Problemen manifestieren. Es gibt viele Hunde, die nicht an der Leine ziehen, sich gut zurückrufen lassen, die ganz gut erzogen sind. Aber trotzdem manchmal wie »abgeschaltet« wirken, einfach nicht richtig »da«, völlig auf etwas Anderes fixiert. In diesen Momenten – vielleicht dauern sie nur Sekunden, vielleicht auch den kompletten Spaziergang lang – ist das innere Band abgerissen. Wie stark die Verbindung zwischen Ihnen und Ihrem Hund wirklich ist – auch in schwierigen Situationen – können Sie nur erfühlen. Wie stark die Verbindung werden kann, das hängt vor allem von Ihrer Bereitschaft ab, daran zu arbeiten.

Check: Körpersprache

✔ Probieren Sie aus, wie gut Sie es nur über Ihre Körpersprache (ohne zu sprechen, ohne Leckerli und ohne Spielzeug) schaffen, den Hund für sich zu interessieren. Er soll noch nicht Kommandos ausführen, sondern einfach nur aufmerksam sein.

✔ Können Sie Ihre eigene Energie auf Ihren Hund übertragen? Beginnt er, Sie nachzuahmen, wird er ruhiger oder lebhafter, je nachdem, was Sie ausstrahlen?

✔ Können Sie sich so bewegen, dass der Hund näher zu Ihnen kommt bzw. auf Abstand geht, ohne ihn anzufassen?

✔ Beobachten Sie genau, wie der Hund auf ein Erhöhen oder Nachlassen der Körperspannung reagiert. Genau dieses Hoch- und Runterfahren Ihrer Körperspannung signalisiert dem Hund bei der Arbeit: »Jetzt musst du aufpassen« oder »Jetzt ist Pause«.

✔ Schauen Sie sich beim nächsten Spaziergang alle Hund-Mensch-Teams genau an, die Ihnen begegnen. Wie viel Harmonie, wie viel selbstverständliche Synchronität strahlen die Beiden aus? Wie stark verbunden erscheinen Ihnen die Paare?

✔ Wie viel Gleichklang spüren Sie zwischen sich und Ihrem Hund, wenn Sie einfach nur gehen? Wie oft blicken Sie in dieselbe Richtung? Wie selbstverständlich geht der Hund neben Ihnen? Geht er oft vor Ihnen und schaut voraus – oder orientiert er sich an Ihnen?

✔ Wie gehen Sie? Aufrecht, flott, langsam, zielgerichtet, schlendernd, unaufmerksam, voller Elan, lustlos, mit hängenden Schultern, den Blick voraus gerichtet oder nach unten, immer beim Hund oder nach vorne schauend? Nehmen Sie wahr, wie Sie gehen. Und dann schauen Sie nach, wie Ihr Hund geht. Spiegelt er Sie?

✔ Welche Emotionen entstehen in Ihnen? Können Sie Ihren Stress hinter sich lassen? Wo sind Ihre Gedanken?

✔ Nehmen Sie hin und wieder ganz beiläufig Blickkontakt mit dem Hund auf? Erwidern Sie es, wenn er Kontakt sucht? Lächeln Sie?

✔ Können Sie an der Schleppleine Synchronität herstellen? Was passiert beim Übergang zur kürzeren Leine?

Harmonie an der Leine

LASSEN SIE SICH NICHT ZIEHEN!

Warum ziehen so viele Hunde an der Leine? Weil es Spaß macht? Angenehm ist? Weil Sie unbedingt irgendwohin wollen? Die meisten Hunde ziehen schlicht und einfach deshalb, weil es ihnen beigebracht wurde.

Die vielen Hunde, die Ihnen auf dem Spaziergang ziehend entgegenkommen, immer vorneweg und kein Blick zurück zu Herrchen, haben ihre Lektion allesamt perfekt gelernt. Eigentlich eine ganz schöne Leistung, einen Hund dazu zu bringen, dauerhaft etwas so Unangenehmes zu tun.

Melli zieht, Andrea lässt sich ziehen. Melli nimmt nicht einmal Notiz von Andrea. Für beide ist die Leine unangenehm und alles andere als eine positive Verbindung.

Dass das Endergebnis unschön ist, darüber sind sich sicher alle einig. Aber erkennen Sie auch die Anfänge? Hunde gewöhnen sich das Ziehen schon im Welpenalter an. Einfach nur, weil der Mensch sich ziehen lässt – immer schön dem niedlichen Welpen hinterher.

Aber muss man wirklich schon mit einem Welpen alles perfekt trainieren? Nein – aber alles, was Sie tun, ist bereits Erziehung. Natürlich soll der Kleine schnüffeln oder sich ausruhen dürfen. Also muss der Mensch eben von sich aus interessante Plätze ansteuern oder Pausen einlegen. Und dann wieder ein Stückchen weitergehen. Überlassen Sie die Entscheidungen nicht dem Hund. Der Mensch agiert, der Hund reagiert. Sie geben die Richtung an. Das sollte von Anfang an einfach eine Tatsache sein.

Was für einen unverdorbenen Welpen gilt, gilt noch viel mehr für den erwachsenen Hund, der bereits Erziehungsfehler ausbaden muss. Gehen Sie bewusst mit der Leine um! Geben Sie nicht dauernd nach, ohne es überhaupt zu bemerken.

Dass das nicht mit einer Aufroll-Leine funktioniert, versteht sich von selbst. Eine Leine, die auf ein leichtes Ziehen hin kontinuierlich nachgibt, ist das denkbar ungünstigste Hilfsmittel! Der Hund muss schließlich genau das Gegenteil lernen: Dass die Leine eine berechenbare, verlässliche und glasklare Begrenzung ist.

Sie ist aber noch viel mehr als das. Die Leine ist auch eine Verbindung, über die Sie mit dem Hund kommunizieren können.

Waldemar mit Mops Balou an der Leine bei einem Ausflug ins Einkaufszentrum im Rahmen einer Welpenstunde. Schauen Sie genau hin: Es bietet sich ein ähnliches Bild wie bei Melli und Andrea. Nur ist sich Waldemar des Problems noch nicht bewusst. Am ungünstigen Kräfteverhältnis kann es hier jedenfalls nicht liegen. Das Problem ist, dass bereits – obwohl Balou erst neun Wochen alt ist – schon ein grundlegendes Missverständnis entstanden ist. Balou weiß schließlich nicht, dass die Menschen erst in einigen Wochen anfangen möchten, mit ihm an der Leinenführigkeit zu arbeiten. Er ist bereits auf Hochtouren mit Lernen beschäftigt und hat das Prinzip schon bestens verstanden. Es ist offensichtlich seine Aufgabe, zu entscheiden, welcher Grashalm als nächstes inspiziert wird, welcher Hund begrüßt und welches Abenteuer bestanden werden soll.

Wenn der lästige Druck am Hals stört, muss man nur konsequent sein und ein bisschen fester ziehen. Der Mensch hintendran hat mit all dem gar nichts zu tun. Er ist ein Anhängsel. Balou macht das Beste daraus und ignoriert die Leine einfach so gut er kann.

Später üben Waldemar und Balou draußen. Die Aufgabe ist einfach: Waldemar soll nur gehen. Egal, ob Balou zögert oder nicht. Man sieht deutlich, wie schwer das Waldemar fällt. Und auch, dass Balou noch überhaupt nicht verstanden hat, dass es seine Aufgabe ist, dem Menschen zu folgen. Das muss er jetzt ganz dringend lernen – auch ein noch so niedlicher Mops sollte schließlich ordentlich an der Leine gehen können.

Auch ein Mops muss lernen, sich führen zu lassen.

KOMMUNIKATION MIT UND AN DER LEINE

Wenn Sie einen Hund als Welpen zu sich holen und von Anfang an richtig erziehen, haben Sie die Chance, ein harmonisches Miteinander-Gehen fast geschenkt zu bekommen. Wenn der Hund die Leine vom ersten Tag an korrekt erklärt bekommt, so dass er sie gar nicht erst als Hindernis und Bürde kennen lernt, wenn er vom ersten Tag an das Angebot bekommt, mit Ihnen auf eine positive Art verbunden zu sein, dann wird auch das gemeinsame Gehen harmonisch sein. Was aber, wenn Sie am Anfang Fehler gemacht haben? Oder wenn Sie nicht die Chance hatten, von Anfang an alles richtig zu machen, weil Sie den Hund aus dem Tierheim geholt haben?

Wenn ich mit Kunden arbeite, deren Hunde heftig ziehen oder gar Leinenaggressionen zeigen – wenn das Kind also in den Brunnen gefallen ist und Harmonie unerreichbar scheint – nehme ich den Hund mit Erlaubnis der Besitzer immer zuerst selbst an die Leine. Nicht, um den Hund »einzuorden« und kuriert zurückzugeben, das funktioniert nicht. Die innere Verbindung muss jeder selbst aufbauen.

Es geht mir darum, zu zeigen, wie schnell der Hund das Angebot annimmt, sich auf mich einzulassen und sich nach mir auszurichten, bei mir nach Gleichklang und nach Sicherheit zu suchen. Das ist der erste Schritt zum Miteinander-Gehen. Für Belga war das Gehen an der Leine fremd. Es kam in ihrem Leben als Stra-

Belga stemmt sich vom ersten Moment des Spaziergangs an gegen die Leine. Auch wenn sich Anna die größte Mühe gibt, den Hund korrekt zu führen – hier findet keine Kommunikation statt.

Ich führe Belga zunächst nicht am Geschirr, sondern über den Hals. Wenn sie nach vorne oder zur Seite drängt, gebe ich einen Impuls aus der lockeren Leine. Es darf kein Zug entstehen – nur ein Impuls. Dabei zeige ich ihr mit meinem Körper klar die Richtung an.

ßenhund auf Ibiza schließlich nicht vor. Aber sie hatte noch nicht genug Zeit, ein gefestigtes Muster zu entwickeln und lässt sich sehr bereitwillig auf das Lernen ein.

DAS LEINENSIGNAL

An der langen Schleppleine hatte der Hund viel Zeit, auf Ihre Körpersprache zu reagieren. Korrekt an der kurzen Leine zu gehen (nicht bei Fuß! Das ist noch mal eine andere Aufgabe), ist anspruchsvoller. Machen Sie sich das klar: Je kürzer Sie den Hund nehmen, umso schwerer machen Sie es sich und ihm! Kurze Leine bedeutet nicht, dass der Hund ganz eng bei Ihnen laufen muss. Fassen Sie die Leine so, dass Ihr Hund bequem neben Ihnen lau-

fen kann und die Leine nicht sofort unter Zug gerät, wenn er etwas Abstand hält. Mit etwas Platz (einem etwas größeren Tanzbereich) fühlt der Hund sich wohler. Die Kommunikation wird einfacher, weil der Hund etwas mehr Zeit und Raum hat, zu reagieren.

Anders als an der Schleppleine müssen Sie an der kurzen Leine Ihrem Hund aktiv anzeigen, was Sie vorhaben. In der Lernphase recht deutlich – aber auch der bereits ausgebildete Hund hat es leichter, wenn Sie ihm klare Hilfen geben. Dafür haben Sie zwei Mittel zur Verfügung: Ihren Körper und die Leine. Ihr Körper zeigt die Richtung an. Die Leine gibt dem Hund ein Signal: Pass auf – jetzt kommt etwas!

Mit kurzen Signalen an der Leine geht Belga auch mit Anna, ohne zu ziehen, und beginnt, besser auf Anna zu achten.

Belga ist ein wenig verunsichert. Es ist wichtig, ihr zu zeigen: Alles ist okay! Ich lade sie zu einer Pause und freundlichem Kontakt ein.

Das Leinensignal ist ein kurzes Schnicken.

Ich setze die Leine ein, um damit zu kommunizieren. Nicht, um zu lenken, zu ziehen oder zu strafen!

Das Leinensignal ist nichts weiter als ein Antippen: Hallo, Pass auf! Die Leine ist wie mein verlängerter Finger. Das Signal kommt immer aus der lockeren Leine. Das muss man lernen und üben: Der Arm muss locker am Körper sein. Er darf nicht steif und durchgedrückt und

Kims Bewegung ist noch ein wenig zu groß, könnte noch mehr aus dem Handgelenk kommen. Aber die Idee von Lockerheit ist schon angekommen. Sie wendet keine Kraft auf und bleibt locker.

Die Leine muss locker in der Hand liegen. Die Leine ist mein verlängerter Finger. Mehr nicht.

Man sieht oft mehrfach um den Arm geschlungene Leinen, durch Schlaufen gesteckte Handgelenke, verkrampfte Fäuste. Das sind immer schlechte Zeichen. Hier wird Kraft aufgewendet – das ist falsch!

nicht vom Körper weggestreckt sein, damit das Handgelenk sich noch frei bewegen kann. Der Impuls ist ein Schnicken an der durchhängenden Leine: Man muss also immer erst nachgeben, bevor man die Leine kurz und impulsartig annimmt und sofort wieder locker lässt. Bei einem gut geführten Hund kommt das Leinensignal natürlich seltener vor als bei einem unaufmerksamen Hund. In der Lernphase muss man intensiver mit dem Signal arbeiten, um immer wieder Aufmerksamkeit zu fordern. Später ist der Hund von sich aus aufmerksam und braucht das Signal nur noch, wenn tatsächlich etwas anliegt.

Aber: Es geht nicht darum, das Signal völlig abzutrainieren und gar nicht mehr einzusetzen! Ich will ja nicht meine Kommunikation mit dem Hund abstellen. Jedes Mal, wenn ich meinem Hund sagen will »Achte auf mich!« setze ich das Signal ein. Ein Hund, der weiß, was das bedeutet, hat damit kein Problem.

Ebenso wenig, wie Sie ein Problem damit haben, wenn Ihnen jemand auf die Schulter tippt oder Ihren Arm berührt. Das Leinensignal ist für den Hund verständlich und völlig stressfrei, wenn der Leinenführer es richtig anwendet und der Hund weiß, was es bedeutet. Es ist eine Hilfe für den Hund.

Womit Hunde durchaus ein Problem haben, ist, plötzlich und unvorbereitet überfallen zu werden. Wenn jemand höflich Aufmerksamkeit erregen möchte, ist das etwas völlig anderes, als wenn man unvermittelt von hinten angerempelt wird. Genau so ein »Überfall« passiert aber, wenn Sie die Kommunikation an der Leine nicht trainiert haben und dann plötzlich in eine unkontrollierte Situation geraten, in der Sie gar nicht vermeiden können, die Leine einzusetzen.

Buddy vor Beginn unserer Arbeit. Hier fand keine Verständigung statt. Die Leine hält Buddy zurück, mehr nicht. Die Einwirkung der Leine ist für den Hund unverständlich und unangenehm und bereitet ihm Stress.

Einige Wochen später. Dirk hat gelernt, durch Leinenimpulse Buddy daran zu erinnern, auf ihn zu achten. Auch wenn Buddy jetzt einen anderen Hund fixiert, kann Dirk mit ihm Verbindung aufnehmen und kommunizieren.

Der plötzliche Druck an der Leine erzeugt Stress beim Hund, er versucht sich zu entziehen. Ein Teufelskreis. Dieses Muster müssen Sie durchbrechen: kein Zug und kein Gegenzug mehr!

Lassen Sie sich nicht auf Tauziehen ein, sondern zeigen Sie Ihrem Hund, was Sie von ihm erwarten. Üben Sie das, BEVOR Sie es brauchen!

Mit dem Leinensignal können Sie dem Hund mitteilen: Achte auf mich, nicht auf die Ablenkung. Oder: Achte auf mich, pass dich meinem Tempo an. Allein dadurch, dass der Hund sich nach Ihnen umschaut, zu Ihnen orientiert, und wenn es nur für einen winzigen Moment ist, haben Sie ein kleines Stück gewonnen und die innere Verbindung ein wenig gestärkt.

Überdeutlich nachgestellt: Wenn der Hund nach vorne geht, gehen Sie erst einen Schritt auf den Hund zu, damit die Leine nicht mehr unter Zug steht, und geben aus der lockeren Leine das Leinensignal. Deutlich, aber ohne Kraftaufwand. Der Hund orientiert sich zum Menschen und ist wieder aufmerksam.

Das Leinensignal ist eine Einladung: Schau zu mir!

Wenn der Hund Sie ansieht, ist das Leinensignal richtig angekommen.

Die Leine muss locker sein. Wenn Zug auf der Leine entstanden ist, müssen Sie also zuerst nachgeben, dann folgt der Impuls.

Um das Leinensignal korrekt zu geben, muss man schnell und präzise sein. Etwas mehr Zeit verschaffen Sie sich, wenn Sie sich einfach für einen Moment zum Hund drehen und rückwärts gehen. Sobald der Hund reagiert,

neutral. Das Ziel ist nicht, dass der Hund lernt, das Leinensignal zu vermeiden. Das Ziel ist, dass er lernt, darauf zu achten.

Das Leinensignal ist eine Ankündigung, eine Hilfe für den Hund. Achtung, jetzt kommt gleich was! Mein Hund darf durchaus auch mal unkonzentriert sein. Er weiß: wenn ich etwas von ihm will, werde ich es ihm rechtzei-

Hier habe ich die kleine Lara an der Leine. Bevor sie ins Ziehen kommt, erreicht sie mein Leinensignal. Was war das denn? Lara ist erst einmal überrascht und auch verunsichert, sie zeigt sich unterwürfig. Von mir bekommt sie nun die Rückmeldung: Alles in Ordnung, bleib bei mir und achte auf mich! Sie bekommt genug Zeit, über das gerade Erlebte nachzudenken und sich wieder zu entspannen. Dann gehen wir miteinander weiter.

bekommt er wieder das Angebot: Achte auf mich! Irgendwann nimmt der Hund das Angebot an – natürlich nur, wenn Sie Ruhe ausstrahlen, wenn er bei Ihnen Sicherheit findet, wenn es gut tut, bei Ihnen zu sein.

Das Leinensignal holt nur die Aufmerksamkeit kurzzeitig zu Ihnen. Mehr nicht. Dass es sich lohnt, bei Ihnen zu sein, sich nach Ihnen zu richten, sich auf die innere Verbindung einzulassen, das müssen Sie dem Hund immer noch zeigen. Hier zahlt sich die Vorarbeit aus, die Sie in anderen Bereichen geleistet haben.

Auf jeden Fall ist das Leinensignal einfach nur ein Signal. Es ist Kommunikation. Es ist keine Strafe und kein Abbruchsignal! Es ist völlig

tig ankündigen und ihn nicht überfallen. Zum Beispiel: Ich will gleich nach rechts laufen, Der Hund an meiner linken Seite bekommt eine Vorwarnung mit dem Leinensignal. Er achtet auf mich und kann so auf meine Bewegung sofort reagieren. Er hat die Chance, rechtzeitig zu reagieren, bevor der unangenehme Druck auf der Leine entsteht. Einfach, indem er meiner Körperhaltung folgt. Die Leine war nur dazu da, ihn aufmerksam zu machen. Sie lenkt den Hund nicht.

Läuft der Hund zu weit voraus, sagt ihm das Leinensignal: Achtung, aufpassen! Bevor ein Tauziehen entsteht, kann er reagieren und sich wieder meiner Geschwindigkeit anpassen. Genauso, wenn ich stehen bleiben will.

Das Leinensignal richtig zu geben, muss man erst lernen und üben. Die reine Technik muss man sich erwerben. So, wie man lernen muss, mit Messer und Gabel zu essen oder mit zehn Fingern auf einer Tastatur zu tippen. Es kommt dabei auf Koordination, Geschicklichkeit und Körperbeherrschung an.

Das allein reicht aber noch nicht. Sie müssen das Leinensignal auch verstehen. Wenn Sie das Leinensignal als Strafe, aus Wut oder mit dem Willen, Macht auszuüben, anwenden, dann wird das nur ein Herumzerren an Ihrem Hund. Denn das entscheidende ist nicht der Impuls am Hals – das entscheidende ist, was der Hund wahrnimmt, wenn er reagiert und Sie anschaut.

Wenn er Genervtheit, Anspannung, Nervosität, Stress, Wut findet – dann hätten Sie sich das Signal gleich sparen können. Denn er wird sofort wieder von Ihnen wegstreben. Der Hund muss bei Ihnen souveräne Führung und ein freundliches Lächeln finden, sonst bleiben Sie in einem ewigen Gezerre stecken.

Zuerst kündige ich an, dass ich etwas vorhabe, bevor ich stehen bleibe. Ist der Hund aufmerksam, bleibt er mit mir zusammen stehen. Wenn der Hund tatsächlich mal ins Ziehen kommt, gebe ich wieder ganz kurz aus dem Handgelenk nach, damit der Zug aufhört, und gebe dann erst das Signal.

Mit guter Vorarbeit machen Sie es sich und Ihrem Hund erheblich leichter. Wenn Sie in anderen Bereichen schon dafür gesorgt haben, dass Ihr Hund auf Sie achtet, wird er auch an der Leine viel besser reagieren. Aber ein Hund, der im Haus nicht gelernt hat, dass es Regeln gibt, wird auch an der Leine nicht auf diese Idee kommen.

Zu guter Vorarbeit gehört aber außerdem, das Leinensignal unter entspannten Bedingungen zu üben. Warten Sie nicht, bis Sie es wirklich brauchen! Wenn Sie damit erst in einer Stresssituation ankommen, wird Ihr Hund das Signal nicht verstehen. Da er bereits abgestumpft ist (jeder Hund, der an der Leine zieht, ist abgestumpft!), wird er zu seiner bewährten Technik greifen: Ignorieren. Unter Stress lernen weder Hund noch Mensch. Sie müssen Ihre Werkzeuge vorbereiten, bevor Sie sie brauchen.

Hier sagt das Leinensignal: Achtung, wir wechseln gleich die Richtung!

🐾 **DAS LEINENSIGNAL KOMMT IMMER AUS DER LOCKEREN LEINE.**

Das unterscheidet es von einem Leinenruck. Wenn Sie versuchen, aus der angespannten Leine zu arbeiten, wenden Sie zu viel Kraft auf, verkrampfen und bringen den Hund aus der Balance. Der Hund hat keine Chance zu lernen. Ein Leinenruck ist unangenehm für den Hund und erzieherisch wirkungslos.

Der Unterschied zwischen einem Signal und einem Ruck ist nicht graduell. Egal, wie deutlich das Signal ausfällt, es darf kein Ruck sein. Es ist immer ein »Schnicken« aus der lockeren Leine. Wenn Ihr Hund nicht reagiert, gilt es also nicht, das Signal einfach immer weiter zu verstärken. Sie müssen Ihr Timing verbessern und das Signal einsetzen, bevor die Leine unter Zug kommt, bzw. lernen, den Zug aus der Leine zu nehmen, um aus der lockeren Leine arbeiten zu können. Dazu ist Konzentration und Schnelligkeit nötig.

An der kurzen, straffen Leine herumgezogen zu werden, ist äußerst unangenehm.

Üben Sie am besten mit einem menschlichen Partner. Probieren Sie aus, wie es sich anfühlt, zu führen und geführt zu werden.

EINE ANMERKUNG ZUR AUSRÜSTUNG

Es ist wesentlich einfacher, anfangs über ein Halsband zu arbeiten. Ihr Signal kommt da an, wo Sie es brauchen. Ich arbeite gerne mit Arbeitsleinen, die sich kurz zuziehen und sofort wieder öffnen. Mit einer Arbeitsleine muss man gefühlvoll umgehen. Dauerzug ist tabu! Wenn Sie sich das nicht zutrauen, können Sie selbstverständlich ein normales, gut sitzendes Halsband verwenden.

Wenn Sie und Ihr Hund mit der Leine umzugehen gelernt haben, ist es kein Problem, auf ein Geschirr umzustellen. Mit einem wenig abgestumpften Hund geht das sogar sehr schnell. Benutzen Sie zunächst beides parallel. Zuerst kommt das Leinensignal aufs Geschirr. Wenn der Hund nicht reagiert, arbeiten Sie am Halsband. Sie können natürlich auch von Anfang an mit dem Geschirr arbeiten, das erfordert aber ein sehr gutes Timing und eine klare Körpersprache!

Mein Trainingspartner Michael stemmt sich gegen die Leine und steht nicht mehr in sicherer Balance. Die Leine gerät dadurch unter Dauerzug. Mit einem Schritt auf ihn zu wird die Leine locker. Jetzt kann ich einen Impuls geben.

Check: Das Leinensignal

✔ Können Sie ein korrektes Signal geben?

✔ Das Signal kommt nur in kurzen Impulsen.

✔ Die Leine wird immer wieder locker.

✔ Der Hund wird nicht unnötig eingeengt.

✔ Es entsteht kein Dauerzug auf der Leine.

✔ Das Signal warnt den Hund rechtzeitig vor, wenn Sie etwas von ihm wollen.

✔ Der Hund schaut Sie an, wenn Sie das Signal geben.

Genauer hingeschaut – Details der Kommunikation an der Leine

AUFMERKSAM SEIN

Um gezielt und genau an der Leine zu kommunizieren, muss nicht nur Ihr Hund aufmerksam sein, sondern auch Sie selbst. Achten Sie auf Ihren Hund, ohne dabei krampfhaft nach unten zu starren. Im Normalfall sollten Sie natürlich den Blick nach vorne richten. Ich sage meinen Kunden immer wieder: Nach vorne schauen! Ihr Blick zeigt die Bewegungsrichtung an. Das darf aber nicht bedeuten, dass Sie nicht mehr mitbekommen, was Ihr Hund gerade tut. Finden Sie den Mittelweg. Wenn Sie zwischendurch eine kurze intensive Übungseinheit einlegen (das sollten Sie bei jedem Spaziergang hin und wieder tun!), dann richten Sie Ihre Aufmerksamkeit natürlich auch stärker auf den Hund.

Das Leinensignal ist keine Fehlerkorrektur, sondern eine Aufforderung. Wenn Sie warten, bis der Hund stehen geblieben ist, und dann erst ein Signal geben, geht der Hund zwar weiter, aber vermutlich bleibt er bald wieder stehen, Sie geben wieder ein Signal usw. Der Hund lernt daraus: Ich kann getrost stehen bleiben, der Mensch sagt mir dann Bescheid, wenn es weitergeht. Es wird nicht klar für den Hund, dass er gar nicht erst stehen bleiben soll. Um einen Lernerfolg zu erreichen, müssen Sie schneller sein. Viel schneller! Es beeindruckt Hunde ganz ungemein, wenn der Mensch erkennt, was er vorhat. Viele Hunde haben den Menschen bisher als langsam, schwerfällig und unaufmerksam kennen gelernt – ändern Sie das!

Achten Sie auf Ihren Hund, aber bleiben Sie dabei locker aufgerichtet.

Belga hat etwas entdeckt. Bevor sie in die Richtung ziehen kann, sage ich mit einem kurzen Antippen: Weiter geht's! Einem gefestigten Hund kann man mehr Freiheiten einräumen, aber Belga muss erst einmal lernen, sich auf den Menschen zu konzentrieren.

Achten Sie auf Ihren Hund. Solange er in dieselbe Richtung blickt wie Sie, ist alles gut. Wenn der Hund aber nach links schaut, können Sie absolut sicher sein, dass er demnächst auch nach links laufen wird. Wenn er nach unten schaut, können Sie sicher sein, dass er langsamer werden oder stehen bleiben wird, um zu schnüffeln.

An der kurzen Leine soll der Hund nun aber nicht plötzlich nach links laufen, weil dort gerade ein anderer Hund vorbeiläuft. Er soll nicht einfach stehen bleiben, um zu schnüffeln. Geben Sie also das Leinensignal schon, wenn der Hund durch seine Blickrichtung und Kopfdrehung seine Absichten verrät – nicht erst, wenn er den Plan in die Tat umgesetzt hat.

Wenn Sie selbst aufmerksam sind, merken Sie sofort, wenn Ihr Hund es nicht mehr ist. Holen Sie seine Aufmerksamkeit mit einem Leinensignal zurück. Der Hund darf sich umsehen, und er muss nicht ständig wie gebannt zu Ihnen schauen, aber er sollte tendenziell in dieselbe Richtung schauen wie Sie und darauf achten, wohin Sie schauen und wohin Sie sich bewegen. Sie gehen schließlich gemeinsam auf dasselbe Ziel zu. Schnüffeln und herumschauen kann Ihr Hund an der langen Leine oder im Freilauf – an der kurzen Leine ist Aufmerksamkeit und Anpassung an Sie gefragt.

DIE LEINE IST KEIN LENKRAD

Was passiert, wenn der Hund nicht dahin läuft, wo wir ihn haben wollen? Ganz häufig, leider, wird die Leine dann als Lenkrad missbraucht. Der Hund wird dahin gezogen, wo man ihn haben will. Das ist falsch. Es ist unangenehm für den Hund, es ist unangenehm für den Menschen, der Lerneffekt ist gleich Null. Ein Hund, der immer über die Leine gelenkt wird, wird regelrecht »dumm gezogen«.

Sagen Sie sich immer wieder: Ich sage meinem Hund, wo er hin soll. Laufen muss er selbst.

Hier läuft der Hund beim Slalom nicht mit und wird prompt an der Leine in die gewünschte Position gezerrt. Man erkennt sehr gut, dass der Hund jetzt überhaupt keine Chance mehr hat, sich irgendwie selbstständig zu bewegen. Er hängt in der Leine wie eine Marionette.

So nicht ...

... sondern so. Was der Hund besser findet, sieht man deutlich an seiner Körpersprache.

Probieren Sie auch das »Lenken« ruhig mal mit einem menschlichen Übungspartner aus. Glauben Sie mir, es fühlt sich wirklich unangenehm an.

Um zu vermeiden, dass Sie ins Lenken verfallen, hilft ein ganz einfacher Hinweis: »Arm runter!« Die Arme sollten immer locker neben dem Körper sein. Achtung: Jetzt fangen Sie nicht an, Schablonen anzulegen! Ich habe – das sieht man auf den Bildern – die Arme natürlich auch nicht immer ganz gerade runterhängen. Es geht nicht um die Winkelung des Ellenbogens. Es geht darum, dass die Muskeln in den Händen und Armen locker sind. Sie brauchen keine Kraft! Die Gelenke sind nicht steif und durchgestreckt, sondern elastisch und können federn. Nur so können Sie jederzeit locker nachgeben und Impulse geben. Überprüfen Sie, wie locker Sie sind! Meine Kunden bekommen immer zu hören: **Nach vorne schauen – Arm runter – lächeln!**

Aufgerichtet, mit locker hängenden Armen und einem Lächeln klappt alles gleich viel besser. Also: Zuerst selbst locker werden, dann mit dem Hund kommunizieren. Über das Leinensignal und mit Ihrem ganzen Körper.

VOLLER KÖRPEREINSATZ!

Wie Sie sich bewegen, entscheidet, wie der Hund sich bewegt. Setzen Sie Ihren Körper ein. Aber nicht die obere Hälfte, die Arme sind nicht so wichtig. Sie sollen ja nicht mit der Leine lenken.

Sie müssen eigentlich überhaupt nichts tun, außer dahin zu gehen, wo Sie hin möchten. Klingt einfach, ist es aber nicht. Wenn der Hund an Ihrer linken Seite ist, und Sie nach links wollen, ist der Hund im Weg. Ein aufmerksamer Hund passt auf und gibt den Raum frei, den Sie beanspruchen, bevor Sie in ihn hineinlaufen. Er merkt es schon an der veränderten Blickrichtung und Körperhaltung, wo Sie hinwollen.

Und wenn Ihr Hund unaufmerksam ist? So lange Sie um den Hund herumgehen, abwarten, bis er sich irgendwann aus dem Weg begibt oder gar über ihn drübersteigen, wird sich daran nichts ändern. Und erst recht nicht, wenn Sie versuchen, ihn an der Leine aus dem Weg zu zerren, dann sind wir wieder bei dem Punkt »Nicht mit der Leine lenken!«

Wenn Sie nach links wollen, schauen Sie zuerst nach links, dann gehen Sie nach links. Einfach so. Wenn der Hund in die Quere kommt, dann wird er von Ihren Beinen weggeschoben. Der Hund wird sehr schnell merken, dass er im Weg ist. Hier gilt das Gleiche wie an der Schleppleine: Kein Hund rennt so oft gegen einen Baum, bis der endlich ausweicht. Sie sind in diesem Fall der Baum, nicht der Hund. Er muss ausweichen.

Wenn Sie deutlich und unbeirrbar sind, dann hat Ihr Hund das in kürzester Zeit verstanden. Sie können ihm helfen, indem Sie ihn mit dem Leinensignal vorwarnen, dass er jetzt Acht geben muss. Aber wenn Sie laufen, laufen Sie. Natürlich sollen Sie Ihren Hund nicht überfallen und schon gar nicht absichtlich treten. Aber Sie setzen Ihre Bewegung fort!

Dabei müssen Sie dem Hund genug Platz einräumen, fassen Sie die Leine nicht zu kurz. Wenn Ihr Hund erst mal erschrocken aus dem Weg springt, ist das nicht schlimm.

Gehen Sie einfach kommentarlos weiter, geben Sie Ihrem Hund Gelegenheit, sich seine Gedanken zu machen. Wenn Sie bisher Ihrem Hund stets rücksichtsvoll Platz gemacht haben, muss er sich jetzt erst einmal umstellen. Hier geht es darum, den »Tanzbereich« zu definieren und dem Hund deutlich zu machen, dass Sie führen.

Je weniger Sie bei dieser Übung auf den Hund einreden, ihn loben, tadeln oder sonst einwirken, umso besser. Er hat genug damit zu tun, die eine grundlegende Information zu verarbeiten: **Wo Sie entlang wollen, muss der Hund aus dem Weg gehen und sich anpassen.** Alles andere ist unnötige Information, die ihm das Lernen nur erschweren würde.

Hier beanspruche ich überdeutlich, JETZT DA LANG zu wollen. Falk beeilt sich, aus dem Weg zu kommen. Er hat keine Angst vor mir, aber er weiß genau: Wenn ich den Raum für mich beanspruche, dann muss er aus dem Weg gehen. Er respektiert meinen Tanzbereich.

Links herum schiebt das Bein den Hund – falls er nicht auf die Körperbewegung reagiert, auch mit direktem Kontakt! Später »schiebt« Ihr Körper nur noch im übertragenen Sinne, ohne den Hund zu berühren.

Rechts sagt das Leinensignal: Achtung! Folge mir! Belga hat das Ausweichen schon sehr gut verstanden, beim Folgen muss sie noch schneller werden. Wichtig ist, dass Anna hier nicht langsamer wird und wartet, sondern weitergeht. Nur so kann der Hund lernen, was er tun soll.

Wichtig ist natürlich nicht, dass Sie den Slalom auf dem Hundplatz perfekt ausführen, sondern dass der »Tanzbereich« auch im Alltag gilt! Der Hund soll ganz selbstverständlich darauf achten, wie Sie sich bewegen – so wie Falk hier.

Mit sehr kleinen Hunden fällt das erst mal schwerer, weil man natürlich immer Angst hat, dem Tier weh zu tun. Das Prinzip ist aber das Gleiche!
Hier mit Pauline und Jule. Pia muss mit ihrem linken Bein dafür sorgen, dass Pauline auf der linken Seite bleibt. Man sieht sofort: Pauline ist übereifrig und aufmerksam, während Jule unaufmerksam hinterhertrödelt. Sie braucht ab und zu ein aufforderndes Signal.

Es ist übrigens völlig egal, ob Sie die Hunde links oder rechts führen (solange Sie keine Prüfungen ablegen wollen), aber bleiben Sie bei der einmal gewählten Seite. Wenn Sie zwei Hunde führen, dann beide auf der gleichen Seite. Um unabhängig voneinander Signale geben zu können, führen Sie die Leinen in beiden Händen.

RÜCKWÄRTSGEHEN MACHT DEN HUND AUFMERKSAM.

GEHEN SIE RÜCKWÄRTS!

Viele Hunde machen an der Leine einfach nur »ihr Ding«. Sie peilen die Lage, halten Ausschau nach Hasen oder anderen Hunden, oder schnüffeln ohne Unterlass. Egal ob der Hund dabei zieht oder nicht – entscheidend ist, dass er in Gedanken nicht bei Ihnen ist. Wenn er jetzt irgendwo etwas Aufregendes entdeckt, müssen Sie ihn erst wieder zu sich holen, ein Tauziehen ist vorprogrammiert. Und solange der Hund gedanklich so weit weg von Ihnen ist, wird es nie ein harmonisches Gehen.

Wenn Sie möchten, dass Ihr Hund mehr »bei Ihnen« ist, dann gehen Sie einfach rückwärts! Drehen Sie sich um, jetzt muss der Hund Ihnen folgen. Dadurch, dass Sie ihm zugewandt sind, muss der Hund sich stärker mit Ihnen auseinandersetzen, er muss auf Sie zugehen, auch im übertragenen Sinne.

Wiederholen Sie das ein paar Mal und beobachten Sie, ob Ihr Hund beginnt, besser auf Sie zu achten. Wenn Sie dann normal weitergehen, sollte er sich von selbst an Ihrer Seite einsortieren und stärker an Ihnen orientieren.

Machen Sie das oft, auch beim ganz normalen Spaziergang. Holen Sie Ihren Hund auf diese Weise immer wieder zu sich zurück, wenn er in Gedanken gerade meilenweit entfernt ist.

Und auch hier gilt wieder: Das ist kein Machtspielchen, es ist eine Einladung an den Hund. Wenn er Sie anschaut, findet er ein Lächeln vor. Je intensiver Sie bei der Handfütterung am Blickkontakt gearbeitet haben, umso eher wird Ihr Hund Ihre Einladung verstehen und annehmen.

BLEIBEN SIE IN BEWEGUNG

Zum lockeren gemeinsamen Gehen findet der Hund am besten in der Bewegung. Wenn Sie stehen bleiben wollen, dann lenken Sie die volle Aufmerksamkeit des Hundes vorher kurz zu Ihnen. Dazu setzen Sie ein Leinensignal ein, bevor die Leine unter Zug gerät.

> So lange der Hund einfach nur steht, weil es eben nicht weitergeht (wie es oft empfohlen wird, um das Ziehen abzugewöhnen), bleibt der Lernerfolg aus. Auch wenn er sich kurzzeitig zu Ihnen umdreht (weil er gerufen wird und ein Leckerli bekommt?): Er wird sich, sobald es weitergeht, wahrscheinlich bald wieder nach vorne und damit weg von Ihnen orientieren. Der Hund hat einen Trick gelernt, aber er hat sich nicht auf ein harmonisches Miteinander eingelassen. Der Erfolg dieser Methode ist sehr oft nicht nachhaltig.

Bei den schnellen Richtungswechseln an der Schleppleine haben wir gesehen: Der Hund wird sehr schnell anfangen, sich nach Ihnen auszurichten, wenn er die Chance hat, Ihre Körpersprache zu lesen, bevor die Leine überhaupt ins Spiel kommt. In der Bewegung fällt es dem Hund leicht, die Bewegungen des Menschen zu erkennen, wenn Ihre Körpersprache klar ist. Das Stehenbleiben zu erkennen, ist viel schwieriger für den Hund. Warnen Sie den Hund also besser durch ein Leinensignal vor: Achtung: Wir bleiben gleich stehen! Geben Sie ihm eine Chance, zu lernen. Um den Hund aus dem Teufelskreis Zug-Gegenzug zu befreien, sind klare Richtungswechsel und das Rückwärtsgehen besser geeignet als das Stehenbleiben.

Für einen ängstlichen Hund ist es sehr wichtig, die Angst zu überwinden und eine positive Erfahrung zu machen. Sie als Hundeführer wissen: Es kann nichts passieren, es gibt keine Gefahr! Es gibt also auch keinen Grund, selbst mit eingezogenen Schultern und ängstlichem Blick über die Straße zu gehen, nur weil der Hund Angst vor Autos hat (Bild 1). Sobald Petra das verinnerlicht hatte, wurde es für Ronida viel einfacher, sich ihr anzuvertrauen (Bild 2).

FOLGE MIR!

An Ronida und Petra erkennt man gut, wie wichtig es ist, dass der Mensch wirklich führt. Ronida hatte unter anderem große Angst vor Autos. Sie wollte entweder nicht vorbeigehen oder versuchte, zu flüchten. Da Autos nun mal zu unserer Welt dazugehören, war das ein großes Problem für Petra: Sie musste ständig fürchten, dass Ronida sich ausgerechnet an einer Straße losreißt und blind davonläuft.

Die einzige Lösung liegt natürlich darin, dass Petra beginnt, den Hund souveräner zu führen. Auch bei einem ängstlichen Hund bedeutet das, entschlossen und ohne zu zögern voranzugehen, statt stehen zu bleiben und beruhigend auf den Hund einzureden. Mit Trösten und Streicheln helfen Sie dem Hund nicht. Das einzige was hilft, ist, selbst Mut, Entschlossenheit und eine klare Richtung zu zeigen. Jedes Zusammenzucken, Zögern, Langsamerwerden bestätigt den Hund in seiner Ansicht, dass Gefahr droht. Ebenso, wenn Sie vermeintliche Gefahren stets umgehen und allem ausweichen, was Ihr Hund unangenehm findet. Dadurch lernt der Hund nur, immer früher zu melden: Achtung, da vorne ist etwas! Statt potentielle Angstsituation zu vermeiden, begann Petra also, ganz gezielt an Autos vorbeizugehen, später an Straßen entlang oder an einer Baustelle vorbei – immer mit dem klaren Signal an Ronida: Komm mit! Es ist alles in Ordnung.

Ronida ist ein extremes Beispiel. Aber es gibt viele Hunde, die hier und da zögern, hier und da mal nicht langwollen. Die nicht über einen unbekannten Untergrund gehen möchten oder keine Treppenstufen. Schauen Sie in Ihrem Alltag sehr genau hin: Gibt es solche Situationen und wie verhalten Sie sich dann?

Die Frage ist nicht, ob es denn unbedingt sein muss, dass Ihr Hund da jetzt entlanggeht. Darum geht es nicht! Ob es nun gerade diese Straßenecke ist oder jene, ob es Traktoren sind, ob es am Regen liegt – egal was Ihren Hund zögern lässt: Es geht darum, ob Sie ausreichend führen können, damit der Hund Ihnen trotzdem folgt. Überall. Immer.

Wenn Sie aber sagen: »Okay, diese Straßenecke ist mir gerade egal«, dann lassen Sie Ihren Hund mit seinen Ängsten und Befürchtungen allein. Sie nehmen damit Ihr Versprechen »Bei mir bist du sicher!« zurück. Verlässliche Führung kennt keine Ausnahmen. Suchen Sie Problemstellen gezielt auf und arbeiten Sie daran!

Karlo und das gruselige Gitter. Nichts ist besser für das Selbstbewusstsein eines jungen Hundes, als an Herrchens Seite Herausforderungen zu bestehen!

JE MEHR MAN GEMEINSAM ERLEBT, UMSO BESSER LERNT MAN SICH KENNEN, UMSO MEHR KANN MAN SICH AUFEINANDER VER-LASSEN – UMSO STÄRKER WIRD DIE BEZIEHUNG!

Was Sie mit Ihrem Hund gemeinsam tun, hat Einfluss auf Ihre Beziehung. Was Sie tun, wie oft Sie es tun, warum Sie es tun und wie Sie es tun. Egal, ob Sie es Arbeit, Spiel, Erziehung oder Gassi-Gehen nennen. Egal, ob Sie es zur Entspannung oder aus Ehrgeiz tun.

Es gibt unendlich viele Möglichkeiten, sich mit dem Hund zu beschäftigen. Ob es die Beziehung zu Ihrem Hund fördert und stärkt, hängt nicht davon ab, wofür Sie sich entscheiden. Es hängt davon ab, wie stark Sie und Ihr Hund sich dabei aufeinander einlassen. Es geht nicht darum, den Hund irgendwie zu beschäftigen, sondern um ein gemeinsames Tun.

MEIN HUND LANGWEILT SICH NICHT!

»Mein Hund hat genug Bewegung, wir gehen jeden Tag zwei Stunden spazieren«, »Er kann jeden Tag mit anderen Hunden spielen«, »Wir haben einen großen Garten«, »Wir haben mehrere Hunde, unserem Hund kann es also nicht langweilig sein« usw. Haben Sie so einen Satz auch schon mal gesagt?

Ein Gedankenexperiment: Stellen Sie sich einen Tag in Ihrem Leben vor – ein Leben, in dem Sie den langweiligsten Job der Welt haben. Sie stehen jeden Morgen auf und joggen eine Stunde. Dann gehen Sie ins Büro. Sie haben einen bequemen Stuhl und einen Schreibtisch. Und auf dem Schreibtisch liegt – nichts. Sie haben nichts zu tun. Gar nichts. Den ganzen Tag. Vielleicht gehen Sie mittags in die Kantine und treffen ein paar Kollegen. Dann gehen Sie wieder in Ihr Büro. Abends gehen Sie wieder eine Stunde Joggen. Dann ins Bett.

Stellen Sie sich vor, wie Sie sich nach einer Woche fühlen. Vielleicht haben Sie Glück und sind ein eher ruhiger Mensch. Sie halten ein Nickerchen oder träumen in den Tag hinein, und werden immer phlegmatischer. Wenn Sie ein aktiver, unruhiger Typ sind, gehen Sie die Wände hoch. Vielleicht merkt Ihr Chef ja, dass Sie sich langweilen und setzt noch einen Kollegen in Ihr Büro dazu? Jetzt können Sie sich unterhalten. Über die allmorgendliche Joggingrunde? Über die immer gleichen Kollegen in der Mittagspause? Vielleicht fangen Sie Streit miteinander an. Bewerfen sich mit Papierkügelchen. Oder zerlegen die Büromöbel ...

Sie haben nichts gelernt. Sie haben nichts erlebt. Sie mussten keine Herausforderungen meistern. Sie durften sich nicht beweisen. Vermutlich sind Sie körperlich ganz fit, Sie joggen ja zwei Stunden am Tag ... aber geistig sind Sie völlig unterfordert.

Wie weit kann man so einen Vergleich treiben? Vergleiche hinken immer und ein Hund ist kein Mensch. Das ist klar. Aber er ist ein soziales Lebewesen, mit scharfen Sinnen und mit dem Bedürfnis nach Erfahrungen und Interaktion. Unterforderung ist der pure Frust. Ob für Hund oder Mensch. Nur hat der Hund keine Ahnung, warum er in so einer Situation steckt – und er kann sich auch keinen neuen Job suchen. Wenn Ihr Hund so ein Leben führt, dürfen Sie sich nicht wundern, wenn er unflexibel ist. Wenn er schnell gestresst reagiert (fremde Hunde, fremde Menschen, neue Situationen) oder der Jagdtrieb immer stärker wird. Wenn er die Wohnung zerlegt oder den ganzen Tag bellt.

Auslastung bedeutet nicht nur körperliche Bewegung, sondern vor allem auch geistige Beschäftigung, Lernen, die Weiterentwicklung von geistigen Fähigkeiten.

Frust aus Langeweile ist ein Beziehungskiller. Der Hund braucht die Interaktion mit seiner Bezugsperson. Und ganz absichtlich spreche ich nicht nur davon, dass der Hund Auslauf und Bewegung braucht (auch das braucht er natürlich, aber nicht nur). Denn es ist weder ausreichend, ihn alleine im Garten rumtoben zu lassen (oder auch mehrere Hunde zusammen), noch ist es ausreichend, den Hund nur zu bewegen. Nicht, wenn Sie eine gute Bindung und eine tragfähige Beziehung aufbauen wollen.

Ein gelangweilter und unterforderter Hund sucht sich selbst eine Beschäftigung. Ob es das Bewachen des Hauses ist, das Melden jedes fremden Hundes, das Absuchen des Horizontes nach dem nächsten Reh, Buddeln, Schnüffeln – wenn der Hund keinen Grund hat, seine Aufmerksamkeit auf seinen Menschen zu richten, dann sucht er sich eben etwas anderes. Die Menschen stören sich dann am Bellen, am Jagen, am Ziehen an der Leine. Dabei sind das nur Symptome.

Was Sie wirklich stören sollte, ist, dass Sie selbst in diesem Moment für den Hund unwichtig sind.

Die fordernde und fördernde Beschäftigung mit dem Hund ist ebenso wie Futter, sozialer Raum, Sicherheit und Ruhe eine Ressource. Wer eine starke Beziehung aufbauen möchte, sollte diese Ressource zu nutzen wissen.

Beschäftigung, Spiel, Arbeit
als Ressource

Was uns wirklich im Weg steht, wenn es darum geht, die Ressource »Beschäftigung« richtig einzusetzen, sind unsere menschlichen Maßstäbe. Wir unterteilen das Leben gerne in Freizeit und Arbeit. Wenn Sie nun die Begriffe Selbstbestimmung – Fremdbestimmung, Stress – Entspannung, Zwang – Freiheit, Langeweile – Spaß, Lernen – Spielen, Zuhause – Außenwelt jeweils den Begriffen Arbeit und Freizeit zuordnen sollen, werden Sie vermutlich so sortieren:

Mit »Arbeit« assoziieren wir Negatives: Arbeit ist anstrengend, stressig, fremdbestimmt, langweilig. Freizeit dagegen steht für Selbstbestimmung, Entspannung, Freiheit, Spaß. Lernen gehört zu Arbeit, Spielen zu Freizeit. Zuhause hat man frei, zur Arbeit muss man raus. (In Wahrheit ist das natürlich sehr viel differenzierter. Nicht umsonst ist Arbeitslosigkeit die Angst, nicht mehr gebraucht zu werden, ein Schreckgespenst. Hier geht es aber erst mal nur um die Grundannahmen in unseren Köpfen, die mit der Zweiteilung in Arbeit und Freizeit entsteht.)

Was durch die Einteilung: Arbeit – negativ, Freizeit – positiv passiert, ist, dass wir nicht die intensive Beschäftigung für die entscheidende Ressource halten, sondern die Freizeit – oder Freiheit. Zu tun, was man möchte, niemand fordert etwas, man muss sich nie zu etwas überwinden, man wird nicht angetrieben – klingt toll. Und was man nicht selbst haben kann, das soll doch wenigstens der Hund genießen dürfen ... Viele Menschen tun sich extrem schwer damit, die »Freiheiten« ihres Hundes einzuschränken. Erziehungs»arbeit« wird als lästige Pflicht gesehen und irgendwie »erledigt« – man hat keine Freude daran, weil man es für Arbeit hält. Für den Hund aber gibt es diese Unterteilung nicht. Was er erlebt, sind Phasen intensiver sozialer Interaktion, wenn wir uns mit ihm beschäftigen. Und weil der Hund ein soziales Wesen ist, ist Interaktion für ihn nichts Negatives. Im Gegenteil.

Wenn Sie Kommandos und Gehorsam in einer freudigen, positiven Atmosphäre erarbeiten, ohne den Hintergedanken, nur eine lästige Pflicht zu erledigen, gibt es keinen Grund, warum die Arbeit dem Hund keinen Spaß machen sollte. Für ihn ist es eine Gelegenheit, im Mittelpunkt zu stehen, Aufmerksamkeit zu bekommen, Lob und Belohnung: Nichts motiviert einen Hund mehr! Es macht Spaß, die Kommunikation immer mehr zu verfeinern, zu sehen, wie der Hund immer schneller und besser reagiert, und die Anforderungen immer weiter zu steigern. Können Sie die Grundkommandos auch aus der Distanz geben? Im Liegen oder mit auf dem Rücken verschränkten Händen? Werden Sie kreativ und denken Sie sich immer neue Herausforderungen aus. Ihr Hund muss Sie verstehen, er muss Ihnen vertrauen, er muss motiviert sein – und erfolgreiche Zusammenarbeit bedarf einfach sehr viel Zeit und Übung. Arbeiten Sie mit Ihrem Hund, arbeiten Sie an sich, nehmen Sie sich Zeit, um intensiv zu üben, und freuen Sie sich über Fortschritte. Was wir Arbeit nennen, ist für den Hund nichts anderes als Phasen erhöhter Aufmerksamkeit und Konzentration und intensiver Interaktion mit dem Menschen. Diese Phasen braucht der Hund, mehrmals am Tag, jeden Tag. Es ist nicht entscheidend, dass die Phasen möglichst lang sind, sondern, dass Sie für Ihren Hund in dieser Zeit wirklich präsent sind.

RENTNER VON GEBURT AN

Unsere Hunde haben eine Menge geistiges Potential für Teamwork, Konzentration, Kommunikation in der Gruppe. Das brauchten ihre Vorfahren, um in der Gruppe zu jagen. Der Mensch hat über Jahrtausende das geistige Potential der Hunde genutzt und durch gezielte Zucht spezialisiert und erweitert, um es für seine Zwecke einzusetzen. Und heutzutage sind diese Tiere plötzlich Haushunde: Rentner von Geburt an. Ihre geistigen Fähigkeiten und scharfen Sinne werden nicht mehr genutzt. Sie sind aber noch da – und sie verursachen Frust und Unzufriedenheit, wenn sie nicht ausgelebt werden. Wir bieten dem Hund einen Ersatz für die Jagd im Rudel, indem wir mit ihm gemeinsam etwas tun, seine Konzentration, seine Teamfähigkeit fordern und fördern. Deswegen sind Hunde nach richtiger »Arbeit« (intensiver Interaktion) entspannter und müder, als wenn sie nur bewegt wurden, egal wie ausgetobt der Hund nach zwei Stunden Rennen eigentlich sein müsste. Wir müssen nicht mit unseren Hunden auf die Jagd gehen – aber wir müssen ihnen Gelegenheit geben, ihre geistigen Fähigkeiten einzusetzen. Kontrolle über die Ressource Beschäftigung bedeutet also ganz und gar nicht, mit dem Spielen aufzuhören, sondern damit, richtig anzufangen. Egal ob Arbeit oder Spiel – worum es geht, ist Beschäftigung, Interaktion mit dem Hund. Und zwar so, dass Mensch und Hund gemeinsam etwas tun!

SLALOM IM PARK

Arbeit und Alltag

Wenn Sie eine neue – hundegerechtere – Vorstellung von »Arbeit« entwickeln, folgt daraus, dass die Arbeit ein fester Bestandteil des Alltags sein sollte. Denn:

■ Der Hund hat nicht dieselbe Vorstellung wie wir, dass Arbeit an bestimmte Orte und Uhrzeiten gebunden ist.

■ Der Hund hat kein Konzept davon, dass für die Interaktion in der Freizeit andere Regeln gelten als während der Arbeit.

■ Der Hund kann (und will) sich intensiv, aber immer nur über (je nach Hund kürzere oder längere) Phasen konzentrieren.

Statt einmal am Tag (oder einmal in der Woche) für eine ganze Stunde intensiv zu arbeiten, tun Sie viel besser daran, immer wieder für ganz kurze Einheiten zu arbeiten. Verändern Sie den Blick auf den Alltag. Zum Beispiel der ganz normale Spaziergang.

Der könnte so ablaufen: Sie sind schon beim Anleinen konzentriert. Sie fordern Sitz, um ihn in Ruhe anzuleinen, und achten darauf, dass der Hund seine Aufmerksamkeit ganz auf Sie richtet. Dann gehen Sie erst mal korrekt an der kurzen Leine ein Stück, erlauben dann Ihrem Hund mit einem Kommando (z.B. »und lauf!«) zu schnüffeln und sich zu lösen, schlendern noch ein bisschen und legen dann wieder eine konzentrierte Phase an der Leine ein, bei der die Aufmerksamkeit des Hundes voll gefordert wird. Dann werden kurz einige Kommandos geübt, bevor wieder eine gemütliche Schlenderphase kommt. Zwischendurch nutzen Sie eine Bank für eine Balancierübung oder laufen Slalom um ein paar Bäume, üben den Rückruf, arbeiten an schnellen Richtungswechseln,

Apportieren – was auch immer. Viele kurze Sequenzen, immer nur zwei, drei Minuten reichen schon. Zuhause wird wieder ordentlich zum Ableinen abgesessen und darauf geachtet, dass der Hund wartet, bis er entlassen wird.

Dieser Spaziergang hat nicht länger gedauert als die normale Pinkelrunde, aber er enthielt gleich mehrere kurze Arbeitssequenzen. Schon der Befehl, zum Anleinen zu sitzen und so lange sitzen zu bleiben, bis das Kommando zum Loslaufen kommt, ist Kommunikation und Arbeit, erfordert Konzentration und Aufmerksamkeit.

Ganz wichtig: Hier geht es nicht darum, dass der Hund sich zum Anleinen setzen »kann« – natürlich kann er das. Bald setzt er sich automatisch, und man braucht beim Anleinen nicht zu arbeiten? Falsch. Denn dann entgeht Ihnen die Gelegenheit für eine kleine Übungssequenz. Fangen Sie also lieber an, zu variieren und den Schwierigkeitsgrad zu steigern. Lassen Sie den Hund zum Beispiel mal stehen statt sitzen. Fordern Sie den Hund mit immer kleineren Signalen zum Sitzen auf, achten Sie darauf, dass Ihr Hund genau da sitzt, wo er soll, und nicht einen halben Meter weiter links. Die Abläufe sollten von Mal zu Mal präziser werden, die Kommunikation immer feiner. Geben Sie sich nicht damit zufrieden, dass etwas irgendwie klappt, sondern verbessern Sie sich immer weiter.

Das ist keine sinnlose Schikane. Es ist einfach eine sehr gute Gelegenheit, Ihren Hund auf sich einzustimmen, bevor Sie das Haus verlassen. Sie merken, wie heute seine und Ihre Konzentration sind und können sich auf die Tagesform einstellen. Und Sie haben einen Hund, der bereits voll bei Ihnen ist, wenn Sie das Haus verlassen – und nicht an Hasen oder andere Hunde denkt. Draußen ist es viel schwieriger, die Aufmerksamkeit zu sich holen!

Nutzen Sie jede Gelegenheit, aus der täglichen Gassirunde eine gemeinsame Erfahrung zu machen. Mit kurzen Arbeitsunterbrechungen machen Sie den Spaziergang interessanter und sinnvoller für sich und den Hund – viel mehr als nur Bewegung und Gelegenheit zum Pinkeln. Am besten gehen Sie häufig unbekannte Wege, erforschen gemeinsam neues Terrain und stellen sich vielfältigen Herausforderungen. Warum nicht mal mit dem Bus fahren oder in die Stadt gehen? Dann sind sowohl Sie als auch Ihr Hund gezwungen, aufeinander zu achten und zusammenzuarbeiten.

Sie werden spüren, dass die innere Verbindung dadurch stärker wird. Und das bleibt Ihnen auch während der entspannten Phasen, in denen Sie Ihren Gedanken nachhängen und der Hund seinen Interessen nachgehen darf, erhalten. Weder Sie noch Ihr Hund müssen die ganze Zeit hoch konzentriert sein. Aber Sie lernen, immer leichter und schneller die Aufmerksamkeit Ihres Hundes zu sich zu holen, wenn Sie sie brauchen. Häufige, intensive Interaktion stärkt die Bindung.

DAS GELIEBTE BÄLLCHEN

Die meisten Hunde jagen begeistert einem Ball oder Stöckchen nach. Wenn Sie sich so einen Balljunkie erzogen haben, dann sollten Sie nun daran arbeiten, seine Aufmerksamkeit wieder zu sich zu holen, damit aus dem Spiel eine echte soziale Interaktion wird.

Aber: Er »darf« nun nicht mehr »frei« dem Bällchen nachjagen, der arme Hund ... jetzt ist das ja »Arbeit«... Nein! Er bekommt einen Partner,

mit dem er gemeinsam eine Aufgabe erfüllen kann. Und eine Aufgabe, einen echten Job im Team zu erledigen, ist viel hundegerechter, als alleine einem Ball nachzujagen.

Sie werden sehen – Ihrem Hund macht diese »Arbeit« viel mehr Spaß, als nur herumzurennen. Vielleicht wirkt er nicht so ausgelassen dabei? Das liegt daran, dass er konzentriert bei der Sache ist, dass er seinen neuen Job ernst nimmt, dass das Spiel für ihn eine Herausforderung und Denkaufgabe ist. Wetten, dass er nach einem solchen Spiel entspannter und zufriedener wirkt, als nach stupidem Ballnachjagen? Es tut gut, etwas zu leisten.

> **Einem Balljunkie können Sie eine halbe Stunde lang den Ball werfen, und er wird immer noch aufgedreht sein. Wenn Sie intensiv gemeinsam mit dem Hund arbeiten, wird er dagegen anfangs schon nach 10 Minuten signalisieren, dass er eine Pause braucht. Und das ist absolut positiv. Wenn Sie sich mit einem notorischen Wohnungszerstörer morgens eine halbe Stunde wirklich intensiv beschäftigen, bevor Sie ihn alleine lassen (statt nur zum Pinkeln raus zu gehen), wird er erst mal eine ganze Weile schlafen. Und keine Schuhe zerbeißen.**

Mag sein, dass Ihr Hund großen Spaß daran hat, hinter dem Stöckchen oder Ball her zu rennen. Aber es tut nichts für ihre Beziehung zum Hund. Sie haben die Ressource Beschäftigung nicht für sich genutzt, um die Beziehung positiv zu formen. Stöckchen werfen trainiert den Hund darauf, alleine, ohne Verbindung zu Ihnen, zu agieren. Der Hund ist völlig auf den Stock oder den Ball fixiert, er rennt ihm hinterher – weg vom Menschen. Er reagiert reflexartig auf einen starken Bewegungsreiz. Das ist genau dasselbe, wie wenn er einen Hasen davonrennen sieht und hinterherhetzt. Und ebenso wenig, wie Sie ihn aus der Jagd nach dem Ball zurückrufen können, können Sie ihn aus der Jagd nach dem Hasen zurückrufen. Aber er kommt doch mit dem Ball zurück? Natürlich, weil er gelernt hat, dass sich das Spiel nur dann wiederholt. Auch von der Jagd würde der Hund zurückkehren – aber erst, wenn der Hetzimpuls wegfällt. Wenn Sie den Hund mit Bällchenwerfen die Langeweile vertreiben, legen Sie ihm lediglich nahe, sich diesen Spaß auch mit anderen Hetzspielchen zu verschaffen. Sie fördern und verstärken seinen angeborenen Jagdtrieb.

Man muss sich klarmachen, dass dieser Hetztrieb der Grund ist, dass Hunde draußen Wild nachjagen. Bei den wenigsten Hunden geht es wirklich darum, die Beute zu töten und zu fressen. Sie folgen einfach reflexhaft der Bewegung. Was den Hetztrieb auslöst, ist egal: Es könnten Rehe und Hasen sein, Katzen, Fahrräder oder rennende Kinder. Je mehr und öfter der Hund diesem Impuls nachgibt, umso stärker und umso unkontrollierbarer wird er. Man kann diesen Trieb des Hundes nie ganz abstellen – umso wichtiger ist es, ihn nicht zu verstärken.

Wenn ich versuche, meinen Kunden das Bällchenwerfen auszureden, reagieren die meisten entsetzt. Dabei dürfen sie ja durchaus weiter Bällchen oder andere Dinge werfen – aber eben so, dass Sie es kontrollieren. Das ist nicht unnatürlich – ganz im Gegenteil. Würden unsere Hunde noch in Freiheit im Rudel jagen müssen, wären sie absolut darauf angewiesen, ihr Verhalten in der Gruppe zu koordinieren. Machen sie aus dem Bällchenwerfen eine gemeinsame, soziale Aktivität!

WERFEN, HOLEN, BRINGEN

Egal, ob Sie »nur« Ihren Hund sinnvoll und beziehungsfördernd beschäftigen oder gerne anspruchsvollen Hundesport betreiben wollen: die Grundlage ist immer ein guter Gehorsam und der Wille zur Zusammenarbeit. Das erreichen Sie nur, wenn jedes Spiel eine Interaktion zwischen Ihnen und Ihrem Hund ist (dabei müssen natürlich auch Sie selbst voll bei der Sache sein und nicht nur nebenher irgendwie den Ball werfen!) Das konzentrierte Spiel verlangt dem Hund Impulskontrolle ab: Das erleichtert nicht nur den Umgang mit dem Hund – es stärkt und fördert seine Selbstbeherrschung und damit auch seine Selbstsicherheit und Persönlichkeit.

Auf der anderen Seite: Egal wie fortgeschritten Sie schon sind – lassen Sie das Spiel nie zu einer mechanischen, äußerlich perfekten, aber blutleeren Angelegenheit werden. Nutzen Sie die Gelegenheit, sich mit und über Ihren Hund zu freuen! Je mehr Spaß und Freude Sie ausstrahlen, umso besser arbeitet Ihr Hund mit Ihnen zusammen. Es geht ja – wenn man von einem alltagsorientierten Training ausgeht – nicht in erster Linie darum, dass der Hund perfekt apportiert, sondern darum, dass Ihre Beziehung stärker wird. Das ist das eigentliche Ziel.

Um Hol- und Bringspiele sinnvoll zu erarbeiten, sollten Sie ein geeignetes Spielzeug verwenden. Bitte keine kleinen Bälle, die der Hund verschlucken kann und keine Fundstücke – das Spielzeug sollte gezielt zum Vorschein kommen und nicht irgendwo herumliegen. Stöckchen sind gefährlich, weil sie splittern können. Eine Beißwurst oder ein Ball an einer Schnur sind gut geeignet. Oder Sie benutzen einen Futterbeutel. Das Futter, das sich der

Hund im Spiel verdient, muss natürlich von seiner restlichen Ration abgezogen werden! Damit der Hund versteht, was es mit dem Futterbeutel auf sich hat, müssen Sie ihm zu Anfang natürlich zeigen, das Futter darin ist. Am besten fangen Sie damit an, den Futterbeutel mit Ihrem Hund zusammen zu finden. Machen Sie die Aufgabe zunächst ganz leicht: es reicht, den Beutel einfach nur neben sich fallen zu lassen. Zeigen Sie Ihre Begeisterung, riechen Sie selbst ausgiebig am Beutel, um ihn interessant zu machen, und halten ihn dann geöffnet Ihrem Hund hin, damit er daraus fressen kann.

Nicht jeder Hund findet den Futterbeutel auf Anhieb interessant. Hier zeigt Gaby, wie unglaublich toll sie selbst den Beutel findet. Das macht ihn auch für Karlo attraktiv!

GRUNDÜBUNGEN:

Üben Sie, den Hund sitzen zu lassen, bevor Sie den Ball oder Futterbeutel werfen. Richten Sie seine Aufmerksamkeit auf sich (anfangs bleibt der Hund einfach angeleint.) Gehen Sie dann mit ihm zusammen auf die Suche und freuen Sie sich gemeinsam über den Fund. Am Anfang muss der Hund erst noch lernen, sich zu merken, wo der Ball hingeflogen ist. Dadurch ist er auf Ihre Hilfe beim Suchen angewiesen, das stärkt die Bindung.

Leo wartet – Saskia hat zur Sicherheit den Fuß auf der Leine. Die beiden gehen gemeinsam zum Futterbeutel und Leo bekommt seine Belohnung.

Werfen Sie den Ball oder Futterbeutel weg –
am Anfang nur eine ganz kurze Distanz. Erst
wenn das Objekt gelandet ist, schicken Sie
den Hund mit einem klaren Befehl (z.B. »Hol!«
und dem entsprechenden Handzeichen) hinterher.

Svenja wirft den Futterbeutel und schickt Nigel dann
erst hinterher. An der Leine kann sie ihn mit einem
Signal, einem kurzen Zupfen, dazu auffordern, zu ihr
zurückzukommen.

Eine andere Variante: Ich schicke die Hunde voraus, bevor ich das Spielzeug werfe. Wichtig ist einfach, dass die Hunde nicht völlig selbstständig agieren.

ERST AUF KOMMANDO DARF DER HUND HINTERHER.

Wenn der Hund den Ball fixiert und ohne Befehl losrennt, dann täuschen Sie einfach mal den Wurf nur an (der Hund flitzt in die vermeintliche Wurfrichtung) und werfen den Ball tatsächlich in eine ganz andere Richtung. Jetzt braucht der Hund Ihre Hilfe, um den Ball oder Beutel zu finden. Genau das, was wir wollen: Der Hund achtet auf Sie – nicht nur auf den Ball!

Ein schlauer Hund wird beim nächsten Mal genauer hinschauen, wohin Sie wirklich werfen – ein Stück seiner Aufmerksamkeit ist damit vom blinden Hetztrieb weg und hin zur Zusammenarbeit mit Ihnen gelenkt.

Nicht alle Hunde sind gute Apportierer. In den Grundzügen kann das aber jeder Hund lernen. Üben Sie an der Leine, damit Sie den Hund – wie beim Üben des Rückrufs – zu sich holen können (nur auffordernd zupfen, nicht ziehen! Das Leinensignal sollte der Hund ja bereits kennen).

Das Spielzeug an der Kinnspitze lenkt den Blick des Hundes auf das Gesicht des Menschen.

Das Aufgeben der »Beute« muss belohnt werden! Entweder ist es ein Tauschgeschäft: Beute gegen Leckerli, oder Sie liefern sich zur Belohnung ein Zerrspielchen (das der Hund auch mal gewinnen darf). Wenn Sie mit dem Futterbeutel arbeiten, bekommt der Hund seine Belohnung aus dem Futterbeutel.

Das Spielzeug ist interessant und zieht Aufmerksamkeit auf sich. Deshalb gelten dieselben Regeln, die ich beim Futterlob beschrieben habe: Um die Aufmerksamkeit auf den Menschen zu richten und Blickkontakt herzustellen, wird das Spielzeug auf der Blickachse bewegt.

Das sind die absoluten Grundlagen. Diese Arbeit lässt sich in viele Richtungen ausbauen. Eine Spezialisierung ist aber nur dann gut und sinnvoll, wenn die Zusammenarbeit zwischen Mensch und Hund an erster Stelle steht. Indiz dafür ist, dass der Hund Blickkontakt aufnimmt (nicht nur auf das Spielzeug starrt!) und seine Impulskontrolle besser wird. Er ist mit der Zeit immer mehr bereit und in der Lage dazu, auf den Menschen zu achten. Wenn das erreicht ist, kann der Hund natürlich immer selbständiger seinen Job erledigen. Aber er tut das immer für Sie, mit Ihnen und auf Ihre Aufforderung hin!

Ganz egal, in welche Richtung Sie sich spezialisieren möchten – ob Rettungshundearbeit, Agility, Fährtensuche oder Dummyarbeit: Sie müssen IMMER zuerst für eine gute Basis sorgen. Oft wird Hundebesitzern eine spezielle Ausbildung als Lösung grundsätzlicher Probleme nahe gelegt – so wurde zum Beispiel Belgas Besitzerin ein Fährtenkurs empfohlen, um ihren Jagdtrieb umzuleiten. Ich halte davon nichts. Spezialisierungen sind ein Bonus, wenn die Beziehung stimmt. Sie sind niemals Ersatz für die Grundlagen.

Sie können Hol- und Bringspiele wunderbar in den Alltag integrieren. Bringen Sie Ihrem Hund bei, Ihnen den Schlüssel oder die Fernbedienung zu bringen – die tollen Leistungen, die Behindertenbegleithunde vollbringen, sind für den Hund einfach nur ein Spiel. Die Aufgabe macht ihm Spaß, und er versteht, dass er etwas sinnvolles tut. Das ist auch für einen Hund wichtig.

Falk apportiert gerne, und ich muss mich nicht nach der Leine bücken.

Der Hund muss zupacken können.

ZERRSPIELE

Von wilden Zerrspielen wird in vielen Hunde-
schulen abgeraten – angeblich werden Hunde
davon aggressiv oder (wieder mal) »dominant«.

Lassen Sie sich nicht davon abhalten, sich ein
solches Spiel mit Ihrem Hund zu liefern, denn
es macht Spaß und es schadet Ihrer Beziehung nicht! Ganz nebenbei kann Ihr Hund
dabei auch noch einiges lernen und sein Interesse an Ihnen wird größer. Hunde, die sich
nur wenig für Futter begeistern, lassen sich mit
einem Spiel viel besser motivieren.

Viele Hundebesitzer sagen mir allerdings:
»Mein Hund spielt nicht!« Das kann daran
liegen, dass mit ihm noch nie richtig gespielt
wurde.

Wenn Ihr Hund auf lebhaftes Spiel ängstlich reagiert, lassen Sie es etwas langsamer angehen.

Hier die wichtigsten Regeln:

■ Benutzen Sie ein geeignetes Spielzeug, am
besten eine Beißwurst, damit Ihre Finger
sicher sind. Der Hund muss schließlich fest
zupacken können!

■ Das Spielzeug kommt zum Spielen hervor
und verschwindet danach wieder.

■ Spielen Sie nicht mit allem, was der Hund
anschleppt, sonst wird allzu leicht aus
jedem herumliegenden Schuh ein Spielzeug. Und ein Spielzeug, das nicht frei zur
Verfügung steht, ist viel interessanter.

■ Gespielt wird auf Ihre Initiative. Sie fangen an
und Sie beenden das Spiel.

■ Das Spielzeug ist die Beute. Es muss sich
bewegen, und zwar schnell! Sonst ist der
»Hase« tot und langweilig.

Die Beute will natürlich weg vom Hund. Halten Sie dem Hund das Spielzeug also nicht vor die Nase, um den Hund zum Spielen aufzufordern! Auch das ist langweilig. Bewegen Sie das Spielzeug schnell und mit zackigen Bewegungen immer weg vom Hund. Dabei müssen Sie natürlich nicht selbst davonrennen (nicht Sie sind die Beute, sondern das Spielzeug!). Bewegen Sie das Spielzeug vor sich hin und her oder drehen Sie sich damit im Kreis. Das Spiel findet nah am Boden statt. Animieren Sie den Hund nicht unabsichtlich zum Hochspringen!

Wenn der Hund das Spielzeug gepackt hat, liefern Sie sich ein heftiges Gezerre. Lassen Sie sich nicht davon irritieren, wenn der Hund knurrt! Das gilt nicht Ihnen, sondern der Beute, die da so heftig Widerstand leistet. Der Hund darf auch mal gewinnen. Lassen Sie los, überlassen Sie ihm die Beute. Keine Angst: Der Hund hält sich deswegen nicht für den galaktischen Imperator. Er hat einfach nur Beute gemacht. Damit sich der Hund nicht ganz aus dem Staub macht, können Sie seine Bewegungsfreiheit mit der Schleppleine einschränken, bis der Rückruf besser trainiert ist.

Wenn Sie möchten, dass der Hund die Beute hergibt, halten Sie das Spielzeug fest, aber ganz still und bewegungslos. Warten Sie, bis er den Kiefer lockert. Da die Beute nicht mehr »lebt« und uninteressant ist, wird er das irgendwann tun. Sagen Sie in diesem Moment »Aus!« damit der Hund den Befehl verknüpft. Wenn er das Spielzeug aufgibt, bekommt er es nach einem kurzen Moment wieder zurück, und das Spiel geht weiter. Es ist wichtig, dass der Hund nicht die Erfahrung macht: sobald ich das Spielzeug hergebe, ist der Spaß zu Ende! Erst, wenn Sie diesen Ablauf einige Male wiederholt haben und der Hund auch mal gewinnen durfte, tauschen Sie das Spielzeug für ein Leckerli ein und räumen es weg.

FALK HAT GEWONNEN.

Neben dem reinen Selbstzweck, dass es Spaß macht, können Sie und Ihr Hund bei einem solchen Spiel viel lernen. Vor allem muss der Mensch lernen, mit seiner Energie und Ausstrahlung bewusst umzugehen. Der Hund lernt, diese Energie zu lesen und darauf zu reagieren. Der Wechsel zwischen lebhaftem Spiel und plötzlichem Innehalten muss so deutlich und klar wie möglich sein: jetzt bewegt es sich – jetzt nicht.

Damit können Sie dann auch noch einen Schritt weiter gehen: Geben Sie aus dem Spiel heraus Kommandos. Das Spielzeug wird dabei zur Belohnung. Ebenso wie eine Futterbeloh-

nung wird es auf der Blickachse geführt und stellt Blickkontakt her. Mit Ihrer Ausstrahlung und Körpersprache vermitteln Sie dem Hund: Jetzt aufpassen! Wenn der Hund das Kommando befolgt hat, wechseln Sie aus der konzentrierten Arbeits-Anspannung wieder in die lebhafte spielerische Entspannung.

Wenn Sie auf diese Art spielen, reagiert der Hund mit der Zeit immer besser auf die Veränderung Ihrer Körperspannung. So wird die Kommunikation über Körpersprache und die Aufmerksamkeit ungemein gefördert – einfach im Spiel.

Wenn die Beute keinen Widerstand mehr leistet, ist das Spiel vorbei.

RESPEKT IST VIEL MEHR ALS NUR: »DAS DARFST DU NICHT!« Aus Respekt überwindet Ronida ihre Angst, um Petra zu folgen. Respekt bringt Buddy dazu, die Nähe anderer Hunde auszuhalten. Respekt ist die Voraussetzung dafür, dass Melli besser auf Andrea achtet und nicht mehr an der Leine zieht. Respekt bedeutet: Der Hund hält den Menschen für vertrauenswürdig und wichtig genug, um auf ihn zu hören.

Lara liegt im Korb – fast.

Mit den vorgestellten Werkzeugen können Sie sich den Respekt Ihres Hundes verdienen. Ohne grob zu werden, ohne um »Dominanz« zu streiten. Denn der Hund respektiert Sie nicht, weil Sie stärker sind – er respektiert Sie, weil (wenn) Sie ihm Sicherheit geben können. Dieses Gefühl von Sicherheit geben Sie ihm, indem Sie wie beschrieben Einfluss auf die wichtigsten Ressourcen nehmen. Sie müssen Ihren Hund nicht einschüchtern, um sich Respekt zu verschaffen. Respekt ist das Gegenteil von Angst! Warum sollte ein Hund ausgerechnet jemandem seine Sicherheit anvertrauen, vor dem er Angst hat?

Aber: Dass Sie derjenige sind, der die Ressourcen kontrolliert, das müssen Sie auch wirklich deutlich machen. Ihr Hund wird das in Frage stellen, einfach, weil er sicher gehen muss, dass Sie seinen Respekt und sein Vertrauen tatsächlich verdienen (oder ob er lieber doch selbst auf sich aufpassen sollte).

EIN BEISPIEL:

Die kleine Lara soll in ihren Korb. Sie hat das Kommando längst verstanden. Sie folgt auch. Aber sie probiert alles Mögliche aus, um zu hinterfragen, wie ernst Kim es meint. Sie legt sich nur halb in ihren Korb oder sie kommt direkt wieder raus.

Wenn Kim jetzt sagt: ach egal, sie war ja halb drin, reicht doch, dann stellt sie damit direkt ihre eigene Anweisung in Frage. Es ist eben **NICHT** egal. Also wird Lara einmal mit etwas Nachdruck und einem kleinen Schubs in den Korb befördert und siehe da, sie bleibt anstandslos drin, bis sie nach ein paar Minuten wieder abgerufen wird.

Hier wird klar, dass Lara Phase eins – das Erlernen des Kommandos – längst abgeschlossen hat. Dabei ging es ums Lernen und Verstehen, unterstützt von viel positiver Verstärkung durch Futter und Lob. Diese Phase hat Lara sehr schnell gemeistert. Jetzt will sie wissen: Verdient Kim Respekt? Diese Frage ist für Lara viel wichtiger als jedes Leckerli. Das gibt Kim Gelegenheit, sich durch ihr Handeln Laras Respekt zu verdienen.

Jetzt kommt es darauf an, dass Kim Folgendes ganz deutlich demonstriert:

Klarheit: Im Korb heißt **im Korb** und nicht halb drin – halb draußen, und es heißt: drin bleiben. Lara beobachtet: Kim handelt überlegt und trifft klare Entscheidungen, die sie auch kommunizieren kann. Kim hat die Sache also im Griff!

Bestimmtheit: Kim weiß, was sie will und setzt das auch durch – im Zweifelsfall auch »handgreiflich«, indem sie Lara mit einem deutlichen Schubs in den Korb bugsiert. Lara lernt: Oha, sie meint es ernst! Die Sache scheint tatsächlich wichtig zu sein.

Souveränität: Kim wird weder grob, noch laut oder böse. Sie hat ihre Emotionen im Griff. Sie bleibt ruhig. Lara muss keine Angst vor ihr haben.

Konsequenz: Kim sorgt dafür, dass Lara am Ende im Korb liegt, bis sie wieder herausgerufen wird. Warum verdient Kim Laras Respekt durch Konsequenz? Ganz einfach: Wenn sie ihre eigene Entscheidung direkt selbst wieder umwerfen würde, dann wäre für den Hund klar, dass die Entscheidung ja wohl falsch gewesen sein muss. Oder unüberlegt. Ganz schlecht für einen Anführer!

Fairness: Lara muss nur einige Minuten im Korb bleiben, Kim erwartet von der jungen Hündin noch nicht zu viel. Auch wenn Sie vorher sehr bestimmt war und deutlich werden musste, ist sie nicht nachtragend, sondern zeigt Lara: Alles ist gut! Für Lara endet die Erfahrung positiv.

Alles in Ordnung!

EIN ANDERES BEISPIEL:

Der Hund macht nicht Sitz – oder erst nach mehrmaliger Aufforderung. Da liegt das Problem vermutlich gleich beim ersten Punkt: Klarheit. Drücken Sie sich klar aus? Stimmt die Körpersprache? Haben Sie die Voraussetzung geschaffen, dass der Hund Sie versteht – an der Aufmerksamkeit des Hundes gearbeitet und ihm das Kommando erklärt?

Wenn Sie sicher sind, dass es nicht an der Kommunikation liegt – wie steht es um Ihre Bestimmtheit? Haben Sie schon oft gedacht »Ist doch egal, dann macht er eben Platz«? Oder: »Ach na ja, jetzt ist er von alleine wieder aufgestanden – aber es war ja lange genug!« Wollen Sie wirklich, dass der Hund sitzt? Wenn es Ihnen eigentlich egal ist, warum fordern Sie es dann?

Wie steht es um Ihre Souveränität? Wenn Sie nervös werden, die Stimme heben, den Hund bedrängen, sich über ihn beugen, dann verunsichern Sie ihn und er wird sich nicht in Ihrer Nähe setzen wollen. Wenn das alles stimmt, dann müssen Sie sich nur noch fragen, ob Sie bisher konsequent geblieben sind. Wenn Ihr Hund von Ihnen gewohnt ist, dass Sie Ihr Vorhaben ohnehin nicht durchziehen, muss er sich nun erst mal umstellen. Also: Üben!

Bleiben Sie bei alldem fair? Fordern Sie das Sitzen vielleicht von Ihrem Hund in einer Stresssituation, haben es aber nicht vorher unter ruhigen Bedingungen gründlich geübt? Dann liegt es nicht am Hund, dass er das Kommando nicht befolgt!

So können Sie jede Situation, in der der Hund Ihren Anweisungen nicht folgt, für sich analysieren.

Oft werden Sie schon beim ersten Punkt sehr vieles finden, das Sie verändern können, damit Ihr Hund Sie besser versteht. Die Lernphase ist für Mensch und Hund extrem wichtig. Gerne wird vergessen, wie viel man schlicht und einfach üben und an sich arbeiten muss, damit Neues zuverlässig klappt! Manche Hundebesitzer bleiben aber auch in der Lernphase stecken. Selbstverständlich »kann« der Hund alle möglichen Sachen – aber führt er sie auch zuverlässig aus? Das sind dann die »Er-kann-das-aber-eigentlich!«-Hunde. In diesem Fall fehlt es oft an Bestimmtheit und Konsequenz. Machen Sie deutlich, dass Sie wirklich darauf bestehen, dass der Hund gehorcht. Sie müssen einfach beharrlicher, geduldiger und entschlossener sein als Ihr Hund.

Wenn Hundebesitzer sich Respekt verschaffen wollen, glauben Sie oft, den Hund strafen zu müssen, werden laut und ungehalten. Dahinter steckt dann die Motivation »Jetzt zeig ich Dir mal, wer hier der Stärkere ist!« Erinnern Sie sich an das Eingangskapitel und die Frage, welche Art Beziehung Sie zu Ihrem Hund aufbauen wollen. Es sollte nicht darum gehen, wer der Stärke ist – der größte Bully auf dem Schulhof. Oder?

Wut, Ärger, Unbeherrschtheit bringen Sie nicht weiter. Ebenso wenig, wie unsinnige Strafmaßnahmen, vom Anschreien bis zum sogenannten »Alphawurf«.

Aber es gibt durchaus Situationen, in denen Sie körperlich werden sollen und dürfen. Wie beim oben beschriebenen Beispiel von Kim und Lara. Wenn Sie den Hund – ohne böse zu werden – »handgreiflich« in seinen Schlafplatz befördern, kann er das instinktiv begreifen. Das würde die Wolfsmutter mit ihrem vorwitzigen Nachwuchs nämlich auch tun.

Ein kleiner bestimmter Schubs ist keine Strafe.

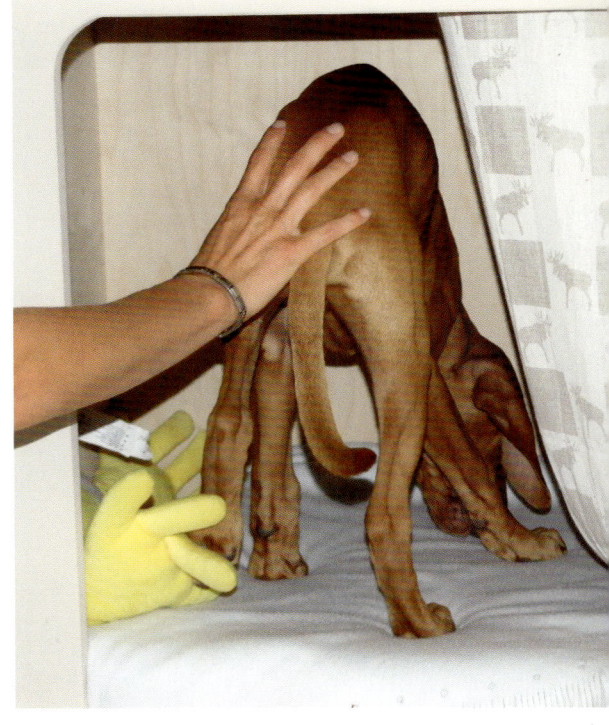

Was die Wolfsmutter nicht tun würde, ist schreien oder sich drohend über den Welpen beugen. Achten Sie darauf, dass Ihr kleiner Schubs wirklich nur ein ruhiger, bestimmter Schubs ist. Wenn Ihr Hund darauf mit Angst und Unsicherheit reagiert, machen Sie etwas falsch. Sie sollen den Hund nicht einschüchtern, sondern einfach nur dorthin befördern, wo Sie ihn haben wollen.

Das Gleiche gilt, wenn ein übermütiger junger Hund rüpelig ist und in die Hände oder Hosenbeine beißt, weil er spielen will. In so einem Fall dürfen Sie ruhig mal klar zeigen: Das will ich nicht! Sie können den Hund ganz bestimmt wegschieben oder »zurückbeißen« – imitiert durch einen kurzen Griff ins Fell. Knurren Sie ruhig mal dabei.

Der Hund muss verstehen, dass er gerade Ihre Grenzen überschritten hat. Jeder erwachsene Hund würde ihm dasselbe zu verstehen geben. Wenn der Hund Ihre körperlichen Grenzen missachtet, versteht er es, wenn Sie auch mal körperlich werden.

Anders beim Beispiel des Hundes, der sich nicht setzen will: hier führt es zu gar nichts, den Hund körperlich zwingen (drücken, zerren) zu wollen, denn das wäre für den Hund völlig unverständlich.

Bestimmtheit besteht hier einfach darin, wirklich klar und deutlich auf dem Befehl zu bestehen. Dabei kommt es auf Ihre innere Einstellung, Ihre Ausstrahlung und Ihre Körpersprache an.

Schauen Sie genau hin, denken Sie darüber nach, worin genau gerade das Problem liegt und welches Verhalten von Ihnen angemessen und sinnvoll ist.

BITTE KEINE SINNLOSEN BEFEHLE!

Die vielen angeblich sturen Hunde sind nicht stur – Sie haben nur gelernt, dass es pure Energieverschwendung ist, Befehlen zu gehorchen, die offensichtlich nicht so wichtig sind. Wenn Sie zwanzigmal am Tag »Sitz!« sagen, es aber dem Hund weitgehend selbst überlassen bleibt, ob und wie lange er sich tatsächlich setzt, handelt der Hund richtig, wenn er Sie letztendlich einfach ignoriert. Inkonsequenz ist nichts weiter als sinnlose Schikane!

Kommandos wie Sitz und Platz auszuführen, ist eine abstrakte Handlung, die der Hund am besten durch positive Verstärkung lernt. Das geht in der Regel sehr schnell. Damit der Hund Befehle aber auch zuverlässig ausführt, muss er merken, dass Ihr Befehl wichtig ist und nicht nur eine sinnlose Übung.

Dem Hund zum Beispiel »Sitz« und »Platz« beizubringen, ihn zuverlässig zurückrufen zu können oder ihm beizubringen, ordentlich an der Leine zu gehen, ist kein Selbstzweck, sondern notwendig, damit das Zusammenleben funktioniert. Damit der Hund sich in den menschlichen Alltag wirklich gut einfügt, so dass er überall hin mitgenommen werden kann und nicht in Gefahr gerät, müssen diese Grundlagen gut eingeübt sein. Ihm erst im Restaurant beizubringen, ruhig neben Ihnen zu liegen, wird nicht klappen – und wenn er auf eine Straße läuft, ist es zu spät, um den Rückruf zu üben.

Konsequentes, häufiges Üben ist wichtig. Aber das muss auch Ihr Hund spüren! Hunde unterscheiden nicht zwischen Arbeit und Freizeit, zwischen Übung und Ernstfall. Hundebesitzer aber schon – und das merkt auch der Hund. Üben Sie kurz, aber konzentriert und konsequent, bringen Sie zu Ende, was Sie angefangen haben, und nehmen Sie das Üben ernst. Wenn Sie das Üben als lästige Pflicht auffassen, die Sie nur halbherzig erledigen, zeigen Sie ihm damit, dass es ja nicht so wichtig sein kann – und der Hund wird auch im Ernstfall nicht reagieren.

> 🐾 **Hunde sind Energiesparer. Sinnlose Dinge zu tun, liegt nicht in ihrer Natur. Einem Anführer zu folgen, der ständig sinnlose Dinge verlangt, auch nicht. Eine Weile macht der Hund das mit, wenn er auf Belohnung hofft oder seinen Spieltrieb damit befriedigen kann – aber Respekt zollt er dafür nicht.**

Die beste Art, dem Hund zu zeigen, dass es in seinem eigenen Interesse liegt, dem Menschen zu folgen – sprich die Entscheidungen des Menschen zu respektieren – ist Konsequenz. Nur, wenn der Hund merkt, dass Sie einen Befehl wirklich ernst meinen und konsequent darauf bestehen, wird er den Schluss daraus ziehen, dass Sie wissen, was Sie tun. Und nur so verdienen Sie sich den Respekt des Hundes. Respekt ist – viel mehr als jede Belohnung – die größte Motivation für den Hund, dem Menschen zu folgen.

KOMMUNIKATION – VERTRAUEN – MOTIVATION

Wenn Ihnen Ihr Hund das nächste Mal »stur« oder gar »dominant« vorkommt, dann suchen Sie die Ursachen nicht bei ihm, sondern bei sich. Warum respektiert der Hund Sie nicht? Stellen Sie sich die Fragen:

Versteht er mich?
Vertraut er mir?
Ist er motiviert?

Wenn Ihr Hund Sie nicht versteht, dann arbeiten Sie an der Kommunikation. Was ist mit der Körpersprache? Wie klar sind Sie? Setzen Sie Lob richtig ein? Sind Sie ein guter Lehrer?

Wenn Ihr Hund Ihnen nicht vertraut, unruhig ist, zurückweicht, ängstlich wirkt, keinen Blickkontakt aufnimmt, dann überprüfen Sie, ob Sie selbst ruhig und souverän sind. Wie Sie selbst mit Stress umgehen. Was Sie ausstrahlen. Bauen Sie sorgsam Nähe auf. Geben Sie dem Hund mehr Sicherheit. Machen Sie seine Probleme zu Ihren Problemen.

Wenn die Motivation fehlt, fragen Sie sich, wie motiviert Sie selbst sind. Wie viel Aufwand sind Sie bereit zu treiben, wie viel Zeit und Arbeit stecken Sie in die Beziehung? Haben Sie Freude daran? Wenn nicht, warum nicht?

Alles läuft auf die eine Frage hinaus: Wie ist Ihre Beziehung zu Ihrem Hund? Wie können Sie sie noch stärker, noch besser machen?

Um das herauszufinden, müssen Sie genau hinsehen: Sich selbst hinterfragen, Details wahrnehmen und Zusammenhänge verstehen. Und genau hinfühlen: Spüren, was Ihr Verhalten beim Hund bewirkt, eigene Emotionen kontrollieren und die des Hundes wahrnehmen.

Hundeerziehung mit Verstand und Gefühl – das bedeutet: Schalten Sie Ihren Kopf ein und vertrauen Sie auf Ihr Bauchgefühl. Suchen Sie nicht nach schnellen, einfachen Lösungen. Gehen Sie den langen Weg – es lohnt sich.

Zum Schluss

Danke an alle, die an diesem Buch mitgewirkt haben. Mehr von und über uns gibt es auf:

www.aufsechspfoten.de

VIEL SPASS MIT IHREM HUND UND
AUF WIEDERSEHEN!